U0184142

Animal Series

EAGLE

Janine Rogers

大英经典博物学

鹰

大地与苍穹之鸟

[加拿大] 简宁·罗格斯 著

曾小楚 译

中信出版集团 | 北京

图书在版编目（CIP）数据

大地与苍穹之鸟：鹰 /（加）简宁·罗格斯著；曾
小楚译 . -- 北京：中信出版社，2020.5
（大英经典博物学）
书名原文：Eagle
ISBN 978-7-5217-1411-1

Ⅰ.①大… Ⅱ.①简… ②曾… Ⅲ.①鹰科—普及读
物 Ⅳ.① Q959.7-49

中国版本图书馆 CIP 数据核字 (2020) 第 016763 号

Eagle by Janine Rogers was first published by Reaktion Books，
London，UK，2014 in the Animal Series.
Copyright © Janine Rogers 2014
Simplified Chinese translation copyright © 2020 by CITIC Press Corporation
ALL RIGHTS RESERVED

本书仅限中国大陆地区发行销售

大地与苍穹之鸟：鹰

著　　者：[加拿大] 简宁·罗格斯
译　　者：曾小楚
出版发行：中信出版集团股份有限公司
　　　　　（北京市朝阳区惠新东街甲 4 号富盛大厦 2 座　邮编　100029）
承 印 者：河北彩和坊印刷有限公司

开　本：880mm×1230mm　1/32　　印　张：6　　字　数：125 千字
版　次：2020 年 5 月第 1 版　　　　印　次：2020 年 5 月第 1 次印刷
京权图字：01-2019-2513　　　　　　广告经营许可证：京朝工商广字第 8087 号
书　号：ISBN 978-7-5217-1411-1
定　价：168.00 元（套装 5 册）

目录

一只威严的秃鹰飞过自己的巢穴。

序　言

　　几年前，我和一个朋友坐在诺森伯兰海峡[1]的一处沙滩上。这是一带窄窄的水域，它将爱德华王子岛和新斯科舍以及新不伦瑞克[2]隔开。海鸟正忙着在退潮的海滩上捕食。一只秃鹰（bald eagle）进入了我们的视线，我们仰慕地看着它引人注目的外表和飞行时矫健的英姿。只见它飞过几处浅滩，有意比其他海鸟飞得慢。突然，它笔直地冲向一只飞在半空的黑色鸬鹚，以惊人的速度将它牢牢抓住。两只鸟都落到了海滩上，鸬鹚（这种鸟的个头可不小）拼命地反抗。落到地面的秃鹰看起来有空中的两倍大——它把那只垂死挣扎的猎物拖到一块低矮的岩石后面，然后开始撕咬。虽然岩石挡住了最血腥的一幕，但接下来发生的事还是让我们感到震惊。鸬鹚使劲地扑腾，脑袋和翅膀不时地出现在岩石上方，我们看了很久很久：秃鹰正在生吃它的猎物。

　　在那几分钟里，我们看到了人类与鹰之间的许多关系。几千年来，在不同的文化背景中，鹰都以优雅、矫健和残忍著称，这使其成为所有鸟类中最具传奇色彩的一种神秘之鸟。人类对鹰的感情非常复杂，从敬畏到厌恶，不一而足，然而对我们来说，它们同时也是神秘莫测的。鹰一般生活在人类世界的边缘——它们极少被驯服——即使是金雕（golden eagle）和秃鹰这类体型最大的猛禽，我们对它们生活的想象也

1 位于加拿大东部圣劳伦斯湾。——译者注（后同，不再标注）
2 加拿大的海洋三省，位于东南部。

往往超出了实际掌握的知识，因为我们只能对它们进行远距离的观察。一方面我们对鹰的科学认识来之不易，另一方面，从广义上来说，我们对其却并不陌生：作为一种外形粗犷且酷爱杀戮的猛禽，鹰在许多文学作品中都是一个引人注目的存在。人们常常称它们为"百鸟之王"，鹰主宰着人类的想象力，正如它们主宰着自己所处的生态系统一样。

鹰位于食物链的顶端，身份无比高贵，却有着与生俱来的弱点。它们和其他许多主要的食肉动物一样，繁殖速度非常慢：即使在最理想的情况下，也只能勉强维持自身种群的数量。当然，对鹰来说，现代社会所形成的生态系统远远称不上理想，许多种类的鹰因为严重的环境污染而处于濒危状态。因此，我们正面临失去自己的生态、文化甚至精神景观中一个重要角色的危险。

总体而言，鹰是矛盾和临界的象征——处于一种对立和居间的状态。这类象征既可以同时指两种相反的事物，又可以指某种无法绝对归类的事物。这些模糊不清的含义大都可以追溯到鹰的真实生活，以及它们在生物界所起的作用。它们是超级猎手（über-hunter），经常以一副野蛮残忍的形象出现，为大自然铲除那些老弱病残和倒霉的家伙。它们大口地吞下无辜者的血肉，不仅如此，它们还吃腐烂的动物尸体。它们看起来贪得无厌而且不加选择——它们是肆意杀戮的机器、小偷和懒于机会性的残暴罪行的食腐者。就连它们的幼儿也会互相残杀。从积极的角度看，鹰是一种高贵的动物：庞大的体型，矫健的身姿，一双众所周知的锐眼，似乎在头顶上监视着我们。它们毫不费力就能一飞冲天。鹰的寿命很

鹰在雪地里吞食一
只赤狐。

长,(大多数)对伴侣非常忠诚,同时也是尽职的好父母。它
们既聪明又机智,而且有着漂亮的外表,四周总是围绕着宗
教般的光环。

在我们对鹰的所有观念中,一直存在着这些对立和矛
盾的现象。实际上,在诸神的国度里,鹰既是生的使者,又
是死的使者。公正的观察者早就注意到,鹰那些即使看起来
最恶心的行为,背后也有着积极的效果:食腐动物为地球清
除了腐尸、细菌和疾病,创造了一个使其他动物得以生存的
健康环境。我们是一个封闭的循环,鹰是其中的复活者。宙
斯让鹰担任使者,向人类传达他那些往往随意而难以捉摸的
心愿;一方面有广阔的视野,一方面又无端地残忍,这位天
神和他的仆人可真是绝配。北美雄鹰带着我们在生死之间穿

梭——而且这未必是一趟单程之旅。由毁灭和重生之鸟——鹰——衍生出了一些奇异的生物，例如凤凰，以及格里芬和斯芬克斯等杂交神兽。它们代表了死亡，同时也代表了新生；代表了自由，同时也代表了专制；我们从鹰身上看到了自己最好和最坏的品质。

第一章

生物学和生态学中的鹰

要是看到鹰，你能认出它来吗？我们中的大部分人，即使不是观察和研究鸟类的专家或者生物学家，也会自认为对鹰有大致的概念，虽然我们脑海中的具体形象可能完全不同。如果你像我一样住在北美，你可能首先想到的是秃鹰。如果你来自英国或者欧洲大陆，如果你在北方，那么首先进入你脑海的可能是金雕；如果你在地中海地区，那么首先想到的可能是白肩雕（imperial eagle）。如果你是澳大利亚人，那么你最先想到的很可能是楔尾雕（wedge-tailed eagle）。非洲或者印度次大陆的读者可能对"鹰"有各种不同的概念，因为当地有许多种类的鹰可以选择。不管你在哪里，也不管你对鹰的具体印象如何，"鹰"的实际含义之广和变化多端都可能令你感到惊讶。

　　"鹰"这个叫法并不科学。它不是指一个物种，甚至也不是指一个类属，而是笼统地指一类猛禽，这类猛禽具有食肉和白天行动的特点，它们的体型通常比其他成群飞翔的鸟类要大。通俗地讲，许多生活在欧亚大陆、澳大利亚或者北美的人可能对我们所说的"鹰"有相当清晰的概念：当被问到鹰的样子时，我们或许都会说出一些共同的特征。我们首先可能会说到鹰的个头，因为许多鹰的个头都很大，经常是所在地区最大的捕食性鸟类。实际上，《牛津英语词典》对

挪威斯沃尔韦尔，一只白尾海雕在森林上空翱翔。

"鹰"的标准解释首先就提到了它的个头："大型鹰科猛禽，具有敏锐的视觉和强大的飞行能力。"

　　事实上，"鹰"（eagle）是英语化了的法语 *aigle*，后者则来源于拉丁语 *aquila*（意为"黑"或者"黑色"）。然而，正如杰出的鸟类学家莱斯利·布朗（Leslie Brown）所指出的，这种认为鹰是一种黑色大鸟的概念主要来源于欧洲——例如，这正是亚里士多德给鹰下的定义——而这一定义并不总是适用于南半球，尤其是非洲和南美洲，那里的鹰通常为灰色，或者有着大块的白色、红色和黄褐色。[1] 另外，一些鹰的体型实际上很小，尤其是那些名为"短趾雕"（snake-eagles）或者"蛇雕"（serpent-eagles）的，还有一种被称为"鹰雕"（hawk-eagles）的鹰，顾名思义，这种动物集合了两种鸟，包括体型较小的鹰隼的特点。一般认为，体型最小的鹰是"大尼科巴岛蛇雕"（Great Nicobar serpent eagle，"大"在这里指的是这种鸟的栖息地所在的岛屿名字，而不是指它们的体型），它们的体重只有大约 0.45 千克。

　　其他一些我们可以和"鹰"联系起来的特征是它们的捕食行为、强大的飞翔能力，以及令人生畏的外表。这些整体印象都和鹰具体的生理特征有关：凶狠的喙，强有力的爪子，锐利的眼神，等等。对于非专业人士来说，这些粗略的定义确实有助于他们将鹰归类。但是对于生物学家来说，"鹰"这个叫法过于概括而且松散，无法真正区分几种不同的鸟类。

　　大多数鹰的进化故事，与地球上大部分其他鸟类的并没有什么分别。最早的爬行动物在古生代（Paleozoic era）分化成两支，一支由下孔类（synapsids）演化成了哺乳动物，另外一支由双孔类（diapsids）演化成了鳄鱼、蜥蜴、蛇类和鸟类。双孔类衍生出了古蜥（archosaurs）和后来的恐龙（dinosaurs），恐龙经过几次细分之后，诞生了兽脚类恐龙（theropods）和后来的手盗龙（maniraptors）。随着后者的进化，鹰的特征变得越来越明显。甚至"手盗龙"这个名字（意为用手或爪子抓取）也暗示了这一种类将会变成什么，尤其值得一提的是，鹰这类猛禽确实是用爪子攫取猎物的。虽然鸟类的进化史依然错综复杂而备受质疑，但是手盗龙的出现却令鸟类学家兴奋不已，因为大量的证据显示，它们可能长有羽毛（包括尊贵的霸王龙 [*T. rex*]——至少在刚出生时）。但是，这依然只是人们的猜测。[2] 然而我们知道，有些手盗龙的身上确实长有羽毛，虽然有羽毛并不一定意味着会飞。手盗龙经过多次细分，最终产生了鸟翼类（Avialae class），后者进化出了会飞的有羽动物，即我们今天所说的鸟类。其中包括侏罗纪的始祖鸟（Jurassic *Archaeopteryx*），这种动物被广泛认为是最早的鸟类（这种说法不无争议），虽然它并不是现代鸟类的直接祖先。[3] 鸟翼类还进化出了白垩

鹰的史前祖先始祖鸟的化石，现藏于柏林自然博物馆。

纪（Cretaceous period，1.45亿年至6 600万年前）的新鸟类（neornithines），即我们现代鸟类的祖先。再细分下去，就到了新鸟纲（Neoaves），然后是包括鹰、猎鹰（falcons）和秃鹫（vultures）在内的隼形目（*Falconiformes*）。因此，我们今天看到的鹰是千万年来进化和多样化的产物。

鸟的分类非常混乱。第一个试图对动物进行分类和说明的人是亚里士多德。不幸的是，亚里士多德在给鹰分类时犯了一些错误，他经常把鹰和其他鸟类特别是猎鹰和秃鹫混在一起。而且他掌握的信息非常少，仅限于直接的观察和一些有关鸟类（包括鹰）生活习惯和生命周期的似是而非的结论。几百年来，其他的鸟类学作家则以讹传讹，重复着亚里士多德的错误，例如老普林尼（Pliny the Elder）[1]和普拉尼斯特的埃利安（Aelian of Praeneste）[2]。中世纪时，人们把亚里士多德的思想和民间传说以及神学对动物的解释糅合起来，写进了动物寓言集，这是一种当时非常流行的文学形式，最早起源于一本写于亚历山大港的古代动物寓言集《生理论》（*Physiologus*）[3]。13世纪时，霍亨斯陶芬王朝[4]的皇帝（Hohenstaufen Emperor）弗里德里希二世注意到亚里士多德著作中的不足之处，于是决心根据自己的猎鹰经验写一本《驯鹰术》（*The Art of Falconry*）来纠正这些错误观念，虽然书中很少提到鹰。[4]尽管如此，直到20世纪，亚里士多德对鸟类的一些误解依然存在。[5]即使现在，人们对鹰的分类以及它们与其他鸟类之间的关系仍然不太确定。

现在，给鹰分类的难处在于，研究者使用的分类方法各不相同，这种问题同样存在于分类学的其他领域。田野派鸟

1 古罗马百科全书式的作家，著有《自然史》。
2 古罗马作家，出生于普拉尼斯特，著有《论动物本质》。
3 又译《自然史》《博物学家》《自然哲学》等。
4 神圣罗马帝国王朝（1138—1254），建立者为霍亨斯陶芬家族，故名。

类学家倾向于使用形态分析法，按照鸟类的物理属性和行为特点来给它们分类，而进化派生物学家则倾向于使用生化法，按照鸟类的进化关系来给它们分类。按照目前的分类方法，所有的鹰在生物秩序上都属于隼形目，这一类动物包括了所有的昼行性猛禽：秃鹫、鹰、猎鹰和鱼鹰（osprey）。鹰科是隼形目中最大的科，有237种，其中鹰有75种，大约21属。近来的DNA研究在很大程度上对鹰属进行了新的分类，最明显的是，那些一度属于隼雕属（*Hieraaetus*）的鹰已经被移到了雕属（*Aquila*）下面，而两种雕属的鹰——乌雕和小乌雕（the greater and lesser spotted eagles）——则被移到了长冠雕属（*Lophaetus*）的下面。[6]一些变化具有很大的争议性，截至作者撰稿时，讨论仍在继续；将来肯定还会有其他的变化。由于分类的不断变化，为了便于理解，我们按照主要的特点将鹰分成了5类：靴隼雕（booted eagles）或者说"真"雕、海雕或者说鱼鹰、蛇雕、鹰雕，以及热带森林中的大型鹰科动物。

　　靴隼雕或者"真"雕包括那些知名度颇高的品种，例如金雕、楔尾雕和西班牙雕（Spanish imperial eagle）。它们被称为靴隼雕是因为它们的跗跖也就是小腿上有毛，而一般的鹰科动物腿上是没有毛的。需要注意的是，还有一类雕属的名字也叫"Booted Eagle"（靴雕），因此所有的"靴雕"都是靴隼雕，但并不是所有的靴隼雕都是"靴雕"。糊涂了吧？欢迎来到鸟类分类的古怪世界。这就是鸟类学家喜欢用学名来称呼它们的原因了。"靴雕"属于"小雕"（*Aquila pennata*），然而过去却一直被称为"隼雕"（*Hieraaetus pennata*）。雕属（*Aquila*）的体型往往很大，随着隼属（*Hieraaetus*）的加入，这一群体中中等体型的鸟类也多了起来。

鹰的第二类由海雕组成，包括秃鹰和白尾海雕，以及威风凛凛的虎头海雕，这是体型最大的鹰之一。和其他鹰相比，实际上海雕的基因与鸢更加接近，但是，当然了，人们一般认为其就是鹰。第三种是蛇雕，从严格的遗传学角度讲，蛇雕也不属于"真"雕。[7] 顾名思义，这种体型较小的鹰吃蛇等小型爬行动物，它们大多生活在非洲和东洋区[1]，但是欧洲部分地区也可以看到这种短趾雕的踪影。人们对一些蛇雕知之甚少，包括神秘的尼亚斯岛（Nias）蛇雕和 Semeulue 蛇雕，这些蛇雕难得一见，因此对它们的研究也就很少。

第四种——鹰雕——由热带雨林中的鹰类组成，它们的头上通常长有冠羽。鹰雕一共有 13 种，生活在东洋区和

1 大陆动物地理区之一。主要是亚洲热带部分，包括南亚、中国南部以及东南亚，东至菲律宾群岛、加里曼丹、爪哇及巴厘岛。

英格兰约克郡谷地，一名驯鹰人正擎着一只虎头海雕。

尼诺·阿基诺公园和野生动物中心的菲律宾鹰标本。

中南美洲。含糊的名字说明它们与其他的猛禽可能有共同之处。在热带雨林地区，我们还发现了数量最少的鹰类：4种热带大型鹰，包括体型巨大的角雕（harpy eagle）和菲律宾鹰（Philippine eagle），以及冠雕（crested eagle）和新几内亚雕（New Guinea harpy eagle）。之所以把这4种鹰都归为一类，是因为它们有着类似的生态位（ecological niche）[1]，都吃猕猴、树懒（sloths）及其他大型哺乳动物。它们生态上的相似性可能是趋同进化的一个例子，因为根据DNA研究显示，这4种鹰并非都有密切关系。趋同进化的意思是，两条不同的进化线演化出类似的生态功能，从而形成了相似的身体形态。因

1 指一个种群在生态系统中，在时间和空间上所占据的位置，以及它们与其他物种之间的关系和作用。

013

此，像菲律宾鹰和角雕这两种鸟，可能外表看起来差别不大，生活习性也非常相似，但它们实际上并非来自同一条进化线。

近年来人们发现，实际上菲律宾鹰和蛇雕在血缘上更加亲近。[8] 许多人仍然将菲律宾鹰和角雕归为一类，因为两者的体型和饮食习惯非常相似，然而遗传背景也非常重要，因此可以说，菲律宾鹰是脚踏两只船了。使情况更加混乱的是，有时将这4种鹰统称为"角雕"（为了避免混淆，人们将真正的角雕称为"哈佩雕"）。

最后，还有一些鹰无法归入这五大类，它们是：鹫雕（black-chested buzzard eagle）、战雕（martial eagle）、非洲冕雕（African crowned eagle）、林雕（Indian black eagle）和高冠鹰雕（long-crested eagle）。这些鹰彼此之间各不相同，与其他鹰类也

差别很大，只有非洲冕雕与孤冕雕（black solitary eagles）之间有血缘关系。进一步的基因研究也许能够揭开这些五花八门的鹰与其他鹰之间的内在联系。

许多鹰科动物都有亚种，虽然这些分类方法同样备受争议。例如，一些鸟类学家识别出了北方秃鹰和南方秃鹰之间的区别，或者是金雕的 6 个亚种。亚种通常由不同地区之间物种的细微差别决定。从金雕的 6 个亚种可以看出它们涵盖的地区之广：金雕指名亚种（*Aquila chrysaetos chrysaetos*，欧洲西北部，包括英国）、金雕北非亚种（*A.c. homeyeri*，北非、伊比利亚半岛和中东）、金雕中亚亚种（*A.c. daphaenea*，喜马拉雅山脉）、金雕堪察加亚种（*A.c. kamtschatica*，西伯利亚）、金雕加拿大亚种（*A.c. canadenis*，北美）和金雕日本亚种（*A.c. japonica*，日本和韩国）。[9] 不同种类的鹰有时会被合并成一个超种（superspecies），因为它们分布于互相关联的不同地区，处于同一生态位且有亲密的血缘关系。例如，当我们在世界各地旅行时，几种大型雕——金雕、黑雕（Verreaux's eagle）、楔尾雕和格氏雕（Gurney's eagle）——如走马灯般轮番登场，这种情况一直持续到我们抵达南美洲为止，因为那里并不存在这个超种（南美洲大型鹰科动物的位置为哈佩雕所取代）。[10]

我们现在看到的鹰并不等同于所有曾在地球上存在过的鹰。有些鹰几百年前就灭绝了；哈斯特鹰（Haast's eagle）就是一个有趣的例子。哈斯特鹰（以朱利安·哈斯特的名字命名，1871 年，他首次发现了这种动物的残骸）显然直到 15 世纪或 16 世纪都生活在新西兰。哈斯特鹰的翼展至少有 2.7 米，体重大约 14 千克。人们猜测它们主要以恐鸟（moas）为食，恐

格氏雕
（*Aquila gurneyi*）。

鸟是一种和鸵鸟很像的鸟类，现在已经灭绝。恐鸟比现在的鸵鸟还要大，因此哈斯特鹰能够杀死它们（从侧面发起进攻，并一举拿下猎物）更是了不起。不幸的是，随着人类的到来，哈斯特鹰几乎注定将遭受一场灭顶之灾。由于人类对食物尤其是恐鸟的争夺，最终导致了恐鸟的灭绝。随着人类涉足一些过去的无人之境，夏威夷群岛和北美洲的其他鹰类也灭绝了。这种情况经常发生，人为灭绝的鹰，更有可能是栖息地遭到破坏，而不是直接猎杀的结果。[11]

现在，除南极洲外的其他六大洲均有鹰分布。一些鹰科动物的分布高度本地化，只能在一片很小的区域里找到它们，例如马达加斯加等个别岛屿。另外一些鹰科动物的分布面积则要广泛得多，特别是上面提到的金雕，它们是地球上分布最广的一个物种，北半球的大部分地区都能找到它们的亚种。大部分鹰科动物都居住在欧亚大陆和非洲。只有秃鹰和金雕生活在北美洲；在中南美洲，我们也发现了几种鹰科动物。

哈斯特鹰的头骨图片，图片原载《新西兰皇家学会会刊》（*Transactions and Proceedings of the Royal Society of New Zealand*，1893）。

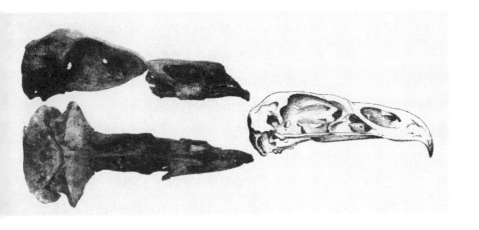

鹰生活的地区千差万别——从茂密的森林，到开阔的草原，到布满岩石的海边——每一种鹰生活的环境决定了它们的饮食（反过来也一样，每种鹰根据自己偏爱的食物，已经适应了特定的环境条件）。以鱼为食的鹰显然需要大片的水域，这样才有鱼供它们捕捉；食猿雕需要茂密的森林，这样猎物才足以维持生存。一些鹰可以根据自己的生命周期转换栖息地。乌雕是一种长途迁徙的鹰，它们一年中有段时间生活在欧亚大陆的森林里，其他时间则生活在开阔的非洲大草原上。[12] 虽然像金雕这类分布面积非常广的鹰肯定需要适应不同的气候和生态系统，然而即使两个完全不同的地区，通常也会有一些相同

古老的哈斯特巨鹰是一种已经灭绝的鹰种，曾经生活在新西兰南岛。图中描绘的是哈斯特鹰袭击猎物——新西兰恐鸟时的情形。

的特点。具体地说，金雕的栖息地往往都是视野极佳的大片开阔地区。金雕的适应能力非常强，甚至能够在极地和沙漠地区生活。然而，它们理想的生活场所似乎是山区，因为那里既有茂密的树林，又有开阔的原野。[13]

如上所述，我们经常将鹰和它们的身材大小联系在一起：西方最著名的鹰个头往往要比其他的鸟类大，除了秃鹫、大雁和天鹅。话虽如此，鹰作为一种鸟类，体重却千差万别，从约 0.45 千克（大尼科巴岛蛇雕）到 9 千克左右（角雕和虎头海雕）。[14] 大多数雌鹰的体型要大于雄鹰；这是猛禽的特点，有人猜测这是因为雄鹰在捕猎时需要更加敏捷。[15] 这个特点被称为"性别差异颠倒"（说它"颠倒"是因为对大多数哺乳动物包括人类而言，雄性的体型一般要大于雌性；我们往往以自身的规律作为衡量的标准）。[16]

许多鹰科动物外表看起来威风凛凛，这并不仅仅因为它们体型庞大，还因为它们的翼展很宽。金雕是翼展最宽的鹰之一，喜马拉雅山脉和西伯利亚的雌性金雕翼展宽度超过了2.4 米。然而，有些时候鹰并没有人们想象的那么大。"当用卷尺一量，"彭妮·奥尔森（Penny Olsen）在谈及澳大利亚的楔尾雕时说，"发现鹰比一架 F-111 战斗机还要小，比一只普通家猫的重量还要轻时，大多数人会感到失望。"[17] 鹰的体型是适应具体环境的结果。例如，与那些生活在开阔地区的鹰相比，森林地带的鹰翅膀比较短，显得与身体的比例更加协调，这是为了帮助它们在林间和灌木丛中飞行；角雕、菲律宾鹰和已经灭绝的哈斯特鹰都属于这一类，虽然从体重上看它们都属于最大的鹰科动物，但它们的翼展却不是最宽的。

从外表上看，即使体型很小的鹰也挺吓人；它们的头和喙部看起来要比其他的猛禽大，而且通常要比骨架较轻的鹰隼更健壮，也更有力量。别看鹰的头部看起来威风凛凛，它们身体最危险的部位其实是那对爪子。实际上，"隼形目"这个名称就来源于拉丁语 falx（所有格为 falcis），意思是"镰刀"，显然受到了鹰等猛禽用以杀死猎物的那对弯钩般的爪子的启发。鹰的捕食方法通常是快速地抓取猎物，它们很大程度上依赖爪子的一击并紧紧地抓住对方来杀死猎物，或者至少使猎物晕厥。鹰能够抓住猎物，是因为它们的爪子三根向前，一根向后，大型鹰抓紧时产生的压力大约为 14 千克/平方厘米。抓住猎物之后，鹰的爪子会用力地收缩，同时腿部和脚趾的肌肉形成一种"棘轮式"的辅助系统。[18] 已故猛禽专家莱斯利·布朗说，大型鹰科动物的爪子足以"使人窒息"，而且"必须亲身经历过，否则无法相信"（他显然并不建议大家试一试）。[19] 随着爪子的收缩，后爪就会像匕首一样深深地插入对方的身体。布朗猜测，鹰科动物能够准确地找到猎物的"要害部位"，即使它们的体型很大或者正在挣扎。有好几次，鹰由于惊慌失措而把善意的研究人员的手或者手臂给刺穿了（即使他们当时戴着防护手套）。每一种鹰的爪子都经过特殊的改良，以便适应具体的狩猎需求。食猿雕（例如菲律宾鹰）和鱼鹰（例如秃鹰）的爪子就很不一样，后者的脚上长有鳞状皮肤，从而更容易抓住滑溜溜的猎物。[20]

那些捕捉大型猎物的大型鹰科动物的跗跖骨都长有肌肉（大多数鸟类这个部位只有骨头和腱带），以帮助它们抓住猎物并腾空飞起。蛇雕的跗跖骨上长有厚厚的鳞片，以保护它

食猿雕。

们免受毒蛇咬伤。

　　鹰那硕大而强健的喙原本是用来撕咬猎物的，但它们通常并不像猎鹰一样用喙给猎物致命一击。相反，它们的喙主要用来进食。事实上，鹰并不是特别关心自己的猎物死没死。它们的喙并不适合作为猎杀的工具，因此如果第一击没能杀死猎物，鹰可能别无选择，只能直接开吃，这样一来，它们残酷无情的名声无疑变得更加严重。鹰的喙每天都在生长，通过进食和上下互相摩擦可以消磨掉一部分。亚里士多德对鹰有一个误解，他认为随着鹰的年纪越来越大，它们的喙会变得越来越长，当上喙把嘴巴堵住时，它们就会饿死。然而实际情况并非如此，一些人工驯养的鸟类会通过其他的方法来修剪自己的喙，假如自然磨损无效的话。[21]

鹰的叫声各不相同，但从来没有一只鹰因为美妙的嗓音而受到赞扬（不过话说回来，没有一种猛禽是因为叫声而出名的）。在流行文化中，鹰的叫声通常代表了凶恶，虽然许多种鹰科动物确实能够发出尖叫的声音，但是它们平常的叫声似乎很不起眼。一名专家指出，秃鹰的叫声"微弱，与其说是尖叫，还不如说是拉长的叫声，和它们的体型和力量实在是极不相称"。另一名专家把鹰的叫声比喻为"没有上油的脚轮"[22]。据说一些电影制作者会给秃鹰配上红尾鵟（red-tailed hawk）等其他鸟类的叫声，因为后者的叫声更加响亮。[23] 其他鹰科动物的叫声各有不同，从凄厉到嘎嘎的声音都有。彭妮·奥尔森说，澳大利亚的楔尾雕能发出一系列"相当甜美"的叫声。[24]

非洲海雕那"高亢而极具穿透力"的叫声被称为"非洲的召唤"。[25] 然而许多鹰往往相当安静，至少有人在场时如此。

鹰身上最迷人的部位之一是它们的眼睛。的确，"鹰的眼睛"已经成为火眼金睛的代名词，而且快被用烂了，但它却反映了鹰科动物的一个基本事实：它们的确拥有异常强大的视力。据专家估计，它们的视力是人的 2.5～3 倍（有些认为比这还要高），但是这种粗略的估算并不能真正描述鹰的视力。鹰并不只是比我们看得更远：它们看待世间万物的方式和我们截然不同。它们能从很远的地方迅速觉察到物体的移动。它们比人类看得更"快"，如果你愿意这么说的话。鹰科

德国汉诺威维森
德希·斯普林动物
园（Wisentgehege
Springe Game
Park），一只漂亮而
凶猛的金雕的特写
镜头。

动物的视网膜上有更多的感受细胞，能够更快地处理接收到的信息，因此和我们相比，它们可以迅速地注意到远处的目标。所有鸟类看到的光也和我们不一样：它们能够看到我们看不到的近紫外线，而且辨色的能力也比我们强——尤其是对蓝色和绿色——对于空中飞行和陆上生活来说这是一项重要的技能。[26] 据推测，鹰可能能够捕捉到一些哺乳动物留下的气味，而且它们可能拥有红外视觉，这说明鹰科动物确实能够看到自己飞翔时所喜欢依赖的热气流。[27] 鹰科动物与所有的鸟类一样，无法大幅度地转动眼睛，因此为了改变视线，它们只能转动整个脑袋。但是鹰等猛禽有一个其他大多数鸟类（后者常常是前者的猎物）所没有的优点，那就是眼睛更加靠前，这使得它们在拥有单眼视觉的同时也拥有双眼视觉。双眼视觉使鹰看到的东西更加立体——这对它们瞄准远处的猎物然后全速出击显然至关重要。

鹰科动物的眼睛都很大，与我们相比，它们的眼睛占据脸部的比例更大（如果直接比较的话，它们的眼睛大小其实和我们的差不多）。当我们观察一只鹰时，我们只能看到它眼睛的一小部分——其余大部分都深深地嵌在鹰的头颅之中。它们的角膜——只是眼睛的一部分——微微凸出，以适应眼眶的前部。鹰那独特的高高前额，经常被视为年长、睿智、判断力或威严的象征，其实那个部位严格说来应该称作"眉弓"（supraorbital ridge）。这块突出的骨峰能够帮鹰阻挡空中射来的耀眼阳光，而当它们在林中飞行时，又能够保护眼睛免受树枝和其他物体的伤害。鹰的眼睛还受到瞬膜（nictitating membrane）的保护，这是在外眼睑下面的另一层眼睑，能够水平移动，遮住眼睛，使眼睛免受伤害。瞬膜还能使鹰在飞行过程中眼睛保持湿润。鹰的眼睛通常为黄色或者棕色，随着年龄的变化，眼睛的颜色也会发生变化；雏鹰眼睛的颜色要比成年鹰的深一些。对于鹰眼睛的颜色与功能之间的关系，人们做了一些推测：他们注意到，某些种类的鹰（例如蛇雕）往往有着特定的眼睛颜色（在这个例子中是黄色），但是很难得出绝对的结论。[28] 其他许多鹰也有黄色的眼睛，秃鹰白色的脑袋上那对引人注目的黄色眼睛，使它们看起来既凶悍又美丽。

鹰是昼行性动物，因此视觉对它们来说最为重要，但是听觉在捕猎时也很重要。南美洲的角雕有一张独特的圆脸盘，可以放大它们的听力；当它们在视线有限的密林中捕猎时，这一点非常有用。鹰与其他许多鸟类一样，似乎并没有发达的嗅觉或者味觉，虽然它们也许能够闻到新鲜的腐肉，而且人们也都知道，它们拒绝吃过于腐烂的尸体。

鹰科动物的种类繁多，与此相应，它们的饮食习惯也各种各样，虽然所有的鹰都是食肉动物。从鹰的名字和分类上已经能看出它们的饮食偏好：最明显的是蛇雕和鱼鹰。然而大多数鹰科动物的食物构成要比它们的名字所显示的复杂得多。秃鹰是鱼鹰的一种，喜欢吃三文鱼，但它们也吃小型哺乳动物和其他鸟类。大多数鹰既捕捉新鲜的动物，也吃腐肉；它们吃其他动物捕杀的猎物，也吃被遗弃的死尸和被车轧死的动物。事实上，与水里游来游去的活鱼相比，秃鹰似乎更喜欢吃躺在河床上的死鱼。一些鸟类观察者认为这是秃鹰的懒惰所致，然而实际情况更有可能是，由于猛禽捕食的失败率居高不下，考虑到付出的能量和摄入的营养比，吃腐肉不失为一种更加安全的选择。许多鹰喜欢早早地起床寻找猎物，尽管机会来临时它们必须迅速地抓住，而且经常不得不适应猎物的作息习惯。一旦吃饱了，大型鹰科动物就会花很多时间在树上休息或者四处游荡。鹰一次能够吃很多食物，它们将食物储存在自己的嗉囊里，再花几个小时将它们消化。饱餐一顿之后，它们可能几天都不需要觅食。[29] 一些鹰科动物会把猎物隐藏起来——把吃不完的猎物藏在一个安全的地方，留待以后再吃。[30]

鹰是所有鸟类中负重飞行的冠军。美国的获奖选手显然是一只秃鹰，它能够抓起一只 6.8 千克重的黑尾鹿（mule deer）[31]；这只秃鹰带着这头鹿能飞行多长的距离，我们不得而知。一般认为不会太远，因为秃鹰的平均体重为 4 千克（雄性）到 6 千克（雌性）。鹰能够杀死比它们所能携带的重量大

得多的动物；一旦杀死这种猎物，它们要么就地吃完（如果是在地面，这可能会使它们非常容易受到攻击），要么把大部分的遗骸留下。因此，捕杀太大而无法携带的猎物有一定的风险，鹰很少这么做。然而当它们确实捕杀了一只很大的猎物时，从更大的生态意义上来说，这种做法也有它的优点，因为大型猎物可以为其他的食腐动物提供食物。鹰强有力的喙能轻松地撕开猎物，鸟类和哺乳类的食腐动物也从中获益不少。

根据定义，鹰是一种依靠爪子捕食的猛禽，因此它们需要有一定的技巧和条件，捕猎才可能成功。例如，鱼鹰无法潜水，因此它们只能捕捉水面附近的鱼。这种限制使它们

一只正在飞行的角雕，2006年12月摄于巴拿马索伯拉尼亚国家公园的奥雷杜克托路（Camino del Oleoducto）。

在一年的特定时间里只能捕捉特定的鱼类，例如三文鱼，当它们洄游到上游的浅水区产卵时，就比较接近水面。一些鹰还吃螃蟹和海龟，它们让猎物从高空落向下面的岩石，以此来砸开猎物的硬壳（古希腊剧作家埃斯库罗斯据说就死于一只从天而降的乌龟，这个故事可能是杜撰的，不过理论上存在这种可能）。[32] 许多鹰从空中捕杀其他鸟类，一些体型较小的鹰科动物就是空中狩猎的好手，例如靴隼雕和艾氏隼雕（Ayres's hawk-eagles）。

鹰在休息时同样能够捕猎，它们只需径直冲向刚好出现在自己下方的猎物，非洲冕雕就是用这种方法捕捉羚羊的。[33] 成对的鹰合作狩猎的现象也不少见，特别是雕属：它们互相配合，能够捕杀比自己大得多的猎物。

蛇雕的脚趾小而厚，有利于牢牢地抓住蛇等细长的爬行动物，而它们的爪子一旦落在蛇身上，通常能够非常迅速地把猎物的背部捏碎。一些种类的蛇雕甚至会攻击巨蟒或者毒蛇，这么做显然有风险。白腹海雕（white-bellied sea eagles）喜欢吃很毒的海蛇，而柬埔寨的灰头鱼雕（grey-headed fishing eagle）则喜欢吃水蛇胜过喜欢吃鱼。[34] 遇到爪子不麻利的鹰，蛇当然会攻击，虽然这种情况相当罕见。蛇雕的胃似乎能够消化蛇的毒液，但是如果被咬，它们也无法幸免一死。如果这条蛇很大，那么可以分成几段吃下，但是对于那些较小的蛇，蛇雕通常都是先吃蛇头，再把它们一口吞下。[35]

偷盗对所有种类的鹰科动物来说都是一项关键的生存策略，尤其是对鱼鹰而言；它们会偷取其他鸟类和其他捕食者的战利品，彼此之间也会偷取对方的猎物。虽然偷盗被认为是一种不光彩的行为，尤其当这种事情发生在鹰之间时，但它也有一个额外的优点，那就是使鹰种群之间的营养分配更加均衡。[36]偷盗者在偷取其他鹰的食物时，很可能能够从对方嗉囊的鼓起程度判断自己将会遇到多大的抵抗：如果对方看起来已经吃得很饱，那么它不太可能进行激烈的战斗。[37]海雕会从其他效率更高的鱼鹰那里偷鱼吃，以此来节省体力。鹰还打起了猎人的主意，它们会偷走那些被捕兽夹夹住的小型动物，例如麝鼠——把尸体、夹子等所有东西全部拿走。[38]

如果鹰捕猎的对象超过了它们平时的范围，尤其那种体型比自己大得多或者"高风险"的猎物（例如人类身边的家养动物）时，可能是由于极度饥饿或者濒临饿死引起的"恐慌"所致。如果捕猎和饮食的条件不好，鹰会变得非常脆弱，例如，2011 年 2 月，加拿大不列颠哥伦比亚洄游的三文鱼很少，造成了秃鹰的饥荒。有报道称，有鹰饿得从树上掉了下来，还有的直接从天空落到水里淹死了，或是撞到了屋顶等。一些饥不择食的鸟类会转向垃圾袋，一方面是寻找食物，一方面是因为垃圾腐烂散发出的热量（体脂的丧失，以及随之而来的热量的丧失，对鸟类来说与营养缺乏一样危险）。然而这种选择包含了新的危险，一些鸟类由于吃了混在生活垃圾里面的有毒害虫而死亡。[39]

"像鹰一样飞翔"是另一句老掉牙的俗语，但是就跟许多俗语一样，它也有其存在的原因。鹰科动物都是飞行高手，与其他鸟类相比，它们的翅膀更大，和身体完全不成比例，而且鹰和其他许多猛禽一样，翅膀的尾部有一道道"槽"，这使它们的双翼看起来就像张开的"手指"。这样的翅膀可以使鹰在空中保持稳定，因为它们可以调节翼尖主羽的角度，从而抵消气流对它们的影响；这种稳定性在捕猎时显然非常有用，因为它们可以更清楚地观察猎物。[40]鹰飞行的速度和高度着实令人叹为观止。金雕迁徙时的速度一般是每小时44～50千米，这已经很了不起了，虽然其他猛禽尤其是鹰隼，飞行的速度更快。鹰科动物俯冲时的速度更是惊人——金雕可达每小时190千米。[41]降落时的速度，再加上自身的体重，是鹰经常在进攻时给猎物致命一击的原因。

鹰飞行时达到的惊人高度，通常是利用热气流攀升的结果，因为它们会搭乘从地面上升的一股股热气流。当山地的风撞击山脉而向上攀升时，这些向上的气流便是鹰飞翔的大好机会；鹰科动物与其他猛禽会充分利用这些上升气流，特别是在迁徙时。许多人类文明对鹰的想象都和它们的翱翔有关。鹰经常和太阳联系在一起，这可能是一种无意识的观察，因为鹰经常在风和日丽的时候翱翔，这时天气晴朗，地面的空气受热上升，为鹰提供了飞翔所需的气流。如果没有很好的飞翔条件，鹰通常会待在地面附近；它们一般也不会在雨中飞行，除非是住在苏格兰那种非常潮湿的地方，它们大概已经习惯了那种湿漉漉的天气。[42]

许多鹰会在飞翔时捕猎，但是巡视领地，同时保持身体凉爽，也是它们飞翔的原因。[43]有时它们这么做似乎只是为了消遣；鹰之所以飞翔，是因为它们能飞。鹰飞行最壮观的场面之一，是它们在求偶时做出的各种空中体操动作；成对的鹰一起腾空和俯冲，有时还会进行虚拟的搏斗。金雕和楔尾雕会在高空盘旋，然后冲向地面；秃鹰会像空中舞者一样上下翻飞和旋转，并偶尔抓住对方的爪子（这个动作叫作"鹰爪勾连"）——秃鹰也以这种表演而著名。这些飞行表演是鹰社会和家庭生活中不可或缺的一部分。

人们认为大部分鹰是一夫一妻制，因为它们往往一次只有一个伴侣，而且通常这种关系会一直持续下去，直到一方死亡为止，但是也有人指出这很难证明。然而即使一夫一妻制是鹰科动物的常态，它们也有过"离婚"的记录，其中一只鹰在自己的伴侣依然活着时离开了对方，转而和其他的鹰一起生活。[44]然而马达加斯加海雕则有着与众不同的家庭结构：3～5只成年海雕组成的鹰群，其中有多只雌鸟，或者多只雄鸟，有时甚至两种性别都不止一只。[45]鹰的巢穴称为 eyries 或者 aeries（来源于古法语 aire，意为"巢穴"）。许多鹰的巢穴都有一个显著的特点，尤其是金雕和海雕这类大型鹰科动物，那就是通常都很大，而且往往筑在离地面很高的地方：自然景观中的树和悬崖上，人造景观中的水力发电塔等高耸偏僻的建筑上。如果找不到高的地方，一些鹰会把巢筑在地面，例如美国南部沙漠中的金雕，但是为了拥有极佳的视野，它们仍然需要一片开阔的地方：鹰科动物喜欢瞭望。小型鹰

科动物建的巢往往比较小，而且每年都需要重建。例如非洲细嘴雕（Wahlberg's eagles）筑的巢就很小，也很简陋，而且它们在同一个地方一次可能筑上好几个巢，这样就可以偶尔变换一下巢穴。[46] 鹰科动物的巢穴由树枝、干草、草皮等各种有机材料组成，而且往往可以用上几十年。有些鹰巢的规模特别大：鹰每年都要对巢穴进行"翻新"，一年年地添砖加瓦，巢穴往往越变越大。

秃鹰刚开始筑的巢大小通常为 1.5 米长 0.6 米高，有报道称，过了几年，原来的鹰巢已经增大到了将近 3 米长 6 米高。同理，澳大利亚的白腹海雕筑的巢也很大，面积超过了 1.1 平方米。[47] 鹰有时候会占用其他鸟类的巢，它们将这些巢穴看

布鲁诺·利赫弗斯
（Bruno Liljefors），
《海雕的巢》（Sea
Eagle's Nest），作
于 1907 年，布面
油画。

成一种建筑半成品，并在来年对其进行修缮。[48] 许多鹰会用绿叶装饰自己的巢穴，这种做法吸引了鸟类学家很多年，可是他们依然无法完全解释鹰为什么要这么做。可能有些树叶有杀虫剂的作用，能阻止螨虫等害虫的侵袭，这样树叶就起到了防治虫害的作用。但是收集和整理树叶似乎还是鹰夫妇之间联络感情的一种方式，就跟人类夫妻之间赠送礼物和布置房子一样。[49]

鹰科动物一年一般产一到两枚蛋，有的会产三枚，然而它们产一枚以上的蛋，通常都是为了保险起见，以防第一个蛋没有受精或者因为其他的原因不能孵化。许多鹰科动物都有手足相残（siblicide；也称"兄弟相残"，cainism）的现象，即当两只或两只以上的雏鸟孵化出来后，最先孵化的那只雏鸟由于占尽先机，并且恃着自己的身体比较强壮，可能会当着父母的面，把第二只雏鸟杀死，而它们的父母则对此视而不见。虽然看起来很残忍，但是这对第一只雏鹰和它的父母

阿拉斯加海滩上的秃鹰。它们的巢穴建在离海岸线不远的地方。

033

都是莫大的福祉，因为养育每一只雏鹰对于鹰父母来说都是巨大而沉重的负担，鹰常常因为哺育儿女而变得瘦骨嶙峋。[50]为了满足家庭新成员的营养需要，雄性非洲冕雕的捕食频率可能得增加一倍以上。[51]手足相残的现象令人类感到不安，但是这对鹰科动物的进化和生存可能至关重要，它能保证活下来的那只雏鹰品质最优，存活的概率也最大。[52]人们还观察到，当食物短缺时，手足相残的现象更容易发生，而当食物充足时，许多多胞胎的雏鹰都能够存活。

雏鹰从出壳到开始学飞需要大约60～100天的时间，刚开始学飞的小鹰被称为"初出茅庐的幼鸟"。鹰都是细心而尽职的父母，它们会把较软的食物留给年幼的雏鹰吃，而当雏

查尔斯·利文斯顿·布尔
（Charles Livingston Bull），
《鹰和小鹰》（Eagle with
Chicks），作于20世纪初，
炭笔画。

北太平洋阿拉斯
加湾科迪亚克岛
(Kodiak Island)鹰巢
中的秃鹰幼鸟。

鹰越来越大，饲养越来越费力时，它们也会耐心地满足它的
要求。雌鸟和雄鸟共同孵化和哺育幼鸟。鹰在家务事上可能
有性别上的分工——雄鹰经常出去捕猎，雌鹰则待在窝里孵
蛋或保护幼鸟——然而这也不是绝对的。雏鹰长得很快，秃
鹰的幼鸟一天可以长 170 克。[53] 刚开始学飞的雏鹰体重可能
接近成年鹰，但它们通常会在父母身边再待一段时间，以便
学习飞行和捕猎的技巧。例如，金雕的雏鸟在学飞期间，都
需要在父母身边待大约 200 天——大半年之久。[54] 雏鸟在巢
穴中通过和一些无生命的物体玩耍来练习捕猎技巧，有时鹰
父母会给它们带来活的小猎物，以增加它们的实战经验。我
们经常听说鹰父母会积极地教幼鸟飞翔，或者无情地把它们
扔出巢去，以鼓励它们飞起来，但这两个故事似乎都是错的：
雏鸟只能自己通过慢慢的摸索，找到自己的方式。

虽然雏鸟的个头和成年的大鸟差不多，但它们的体格和形态可能略有不同，羽毛的颜色通常也有差异。雏鸟的行为也可能和成鸟的不尽相同，例如，一些雏鸟有迁徙的习惯，而相同种类的成鸟却没有，或者迁徙的地方可能不同。雏鸟这一阶段可能持续很长时间——有些种类需要几年——直到雏鸟五六岁，羽毛完全变成成鸟的颜色并进入性成熟期才算结束。许多鹰科动物的生命周期可能相当长：驯养的鹰可以活到接近 50 岁。最近，一只带状秃鹰的年龄被断定为 32 岁零 10 个月，是迄今为止有记录的年纪最大的野生秃鹰，如果不是 2010 年被车撞死，这只秃鹰还可能再活几年。[55] 为了种族的存续，鹰科动物必须长寿：考虑到它们极低的产卵量，手足相残的嗜好，雏鸟需要长期依赖父母，以及极高的幼鸟死亡率，据估计，一对大型鹰可能需要 10 年的时间，才能成功养育两只后代。体型较小的鹰科动物养育的后代似乎更多，而它们的寿命也可能没那么长。[56]

鹰在许多民间故事中都是睿智的象征，这一灵感可能来源于鹰的长寿，因为我们人类总是说，活得越长，知道的越多。事实上，我们很难知道鹰如何思考，而在那些并不适用于鸟类的道德判断面前，任何一条人类智慧的核心原则都会令人感到困惑。例如，鹰父母任由一只雏鸟杀死另一只雏鸟的行为，可能会被人类视为无情或者愚蠢，然而实际情况并非如此。我们知道，总体而言，鸟类拥有大量我们所谓的智慧，然而我们对鹰科动物智力的衡量只限于被动的观察，而鹰在没有受到威胁的情况下，往往都很害羞地与人类保持一定的距离。有迹象表明它们其实相当聪明。一名研究人员报告说，那些跟在渔船后面，乘机吃些小鱼小虾的虎头海雕能够区分出熟悉的渔民和陌生的研究人员。当一群研究人员试图近距离接触这些鸟儿时，它们会离得远远的；海雕发现是陌生人，因此不敢靠近。更加令人惊奇的是，当研究人员换上渔民的服装之后，这些鸟儿依然不愿靠近；虎头海雕显然"通过一些比服装更加精微的细节认出了我们"，这名研究人员总结道。[57] 鹰科动物对个体有很长的记忆：另外一名研究人员发现，一只雌性白尾海雕几年之后还认出了他。[58] 然而至少有一名研究人员提出，白尾海雕和虎头海雕这类海雕虽然很聪明，但可能还不是最聪明的鹰。像非洲冕雕和角雕这类捕食灵长类动物的鹰一定得非常聪明才行："如果你不够警惕、精明和灵敏，猴子根本就不会上当。"[59]

除了家庭生活，同一种群的鹰科动物之间还会有许多社交上的互动，虽然它们并不是群居动物。一般说来，鹰可以算是社会凝聚力最差的一种猛禽，它们并没有形成一个社会整体，除了秃鹫。只有少数几种鹰会形成 10 只以上的群体，而且这种情况通常发生在迁徙期间或者具体的捕食环境下。据观察，海雕总体上比一些其他的鹰科动物更喜欢社交。[60] 它们会与其他鹰聚集在食物充足的地方，例如鱼类正在其中产卵的河流，不过这种名为"群居栖息"（gregarious roosting）的行为却受到食物来源的限制。在不列颠哥伦比亚和阿拉斯加三文鱼洄游的季节，秃鹰群居栖息的现象闻名遐迩，亚洲东北部海岸的虎头海雕也是一样。[61] 需要指出的是，不管是"群居栖息"还是真正的群居，英语中对大量鹰科动物聚集在一起有一个很棒的表达方法，那就是"鹰会"（a convocation of eagles）。

除非很幸运地住在鹰迁徙的必经之地，否则我们往往认为鹰不是候鸟。其中的原因可能是，我们倾向于把候鸟和令人兴奋的大群鸟类例如乌鸦、大雁和鹬联系在一起，这些鸟儿离开和到达的时间都非常准确，为我们从季节上安排自己的生活提供了清晰的线索。鹰在这方面则没那么明显，如果成群飞行的话，它们也只会结成很小的群体，通常为 10 只或者 10 只以下。在那些组建"超级鸟群"（超过 100 只）的猛禽中，只有两种属于鹰科动物：小乌雕和草原鹰（steppe eagle）。[62] 大部分鹰科动物会遵循固定的迁徙路线，沿着大陆南北移动。鹰科动物有多个迁徙方向，有时甚至同一种类的也不尽相同，这点可能令人难以理解。并非所有的鹰都是候鸟，同一种类的所有鸟儿也不是都有迁徙行为。事实上，同一只鸟儿有时会一年迁徙一年不迁徙。对于秃鹰这类鹰科动物来说，迁徙与否部分取决于它们正处于生命的哪个阶段；与成年的秃鹰相比，5 岁以前的"亚成鸟"（subadults）迁徙的可能性要大得多。[63]

只有 4 种鹰科动物是"完全候鸟"（complete migrants），意即 90% 以上的鸟儿会迁徙。另有大约 15 种属于"不完全候鸟"（partial migrants），包括白尾海雕、秃鹰、虎头海雕、白肩雕和金雕，它们每年迁徙的数量低于 90%。虎头海雕和秃鹰一样，会从鱼类稀少的冰冻海域迁移到其他地方去。更多的鹰科动物属于"留鸟"（irruptive and local migrants），即有些鸟儿迁徙有些不迁徙（而且通常距离很短）。[64] 鹰科动物迁徙的习惯以及方式，都取决于食物的状况，而后者反过来又取决于气候和猎物的迁徙行为。北方的冰天雪地限制了食物的供应，海面结冰，洞穴被冰雪覆盖，小动物都藏起来了。另外，猎物本身为了躲避严寒而向南迁移，因此许多鹰跟着向南迁徙，这很好理解。即使是在没有冰冻问题的温带地区，猎物的迁移也可能迫使猛禽跟着一块迁移。例如，在秃鹰大量聚集的佛罗里达，夏天海水表面的温度升高，鱼类为了避暑，往往会进行"垂直迁徙"（migrate vertically），即游到更深的海里。显然，这会影响到在海面捕鱼的鹰科动物，因此这些鸟儿往往会向北飞，飞到那些鱼离水面更近的地方。秃鹰对鱼类的生命周期反应也很灵敏，它们会在三文鱼季节性洄游的时候聚集在河的上游。不管迁徙的条件如何，鹰都会利用热气流在空中滑翔，这样做可以减少翅膀的扇动，使它们在节约体力的同时，也飞得更快。这就意味着两件事：鹰会在白天迁徙，以及通常会避免飞过大片的水域（只有三种鹰科动物愿意在水面上飞过 100 千米）。[65]

鹰科动物无论在什么地方，都会对当地的环境有重要影响。作为顶级的食肉动物和食腐动物，它们在生态系统中发挥着双重作用——控制猎物的数量和清理有机物。每逢鹰从人类的头顶飞过，总会给看到它的人留下深刻印象，可能对鹰而言也是如此。不幸的是，我们对鹰往往没有它们对我们这么善良，人类与鹰之间的互动通常都是一个个令人伤感的故事。这很奇怪，因为我们精神上似乎和鹰有着很强的联系——你甚至可以说是依赖。

第二章

神圣的鹰：
神话、宗教和民间故事

杰里米·米诺特（Jeremy Mynott）在他写的《鸟类景观》
（*Birdscapes*）一书中问："为什么从鸟类的角度思考效果会这么
好？"[1] 对我而言，这个古怪的问题道出了我长期以来对鹰的
一个直觉，然而以前我却无法把这个事实说出来。没错，我
认为，我们是在从鹰的角度进行思考。鹰在神话和民间故事
中的角色复杂而多种多样，但它们并不仅仅是我们探索宇宙
的工具，它们还起到了一种心理结构的作用——不只提供了
一套理念，还提供了这些理念的构成方式。我们用鹰来思考
我们世界中最重要的几个方面，比如太阳、雨水，或者死亡。
鹰代表了先知、光明、智慧、痊愈，以及精神上的指引或者
父母的指导，但它们同时也代表了愤怒、黑暗、风暴、牺牲、
战争和武器。人们通过太阳和风暴两种象征将鹰和最强大的
神灵联系起来，鹰还经常与万神庙中地位最高的天神联系在
一起，比如宙斯，而在族长制的世界观中，鹰又相应地与地
位最高的男性神祇联系在一起。因此，它们甚至和耶稣基督
联系在一起。鹰与主要神祇之间的关系使它们与国王、皇帝、
整个文化、社会和国家联系在一起——我们将在下一章详细
探讨这一点。我们利用鹰来构建自己的生存理念：神话中鹰
那复杂甚至互相矛盾的本质，正是潜意识中我们对自己复杂
而自相矛盾的生存本质的认识。

人类与鹰的精神联系在世界范围内都非常普遍，因此很难说某个地区的人更喜欢将鹰和精神联系在一起，但是中东的猛禽传说尤为丰富——特别是鹰的传说。这的确和这一地区"正好位于连接欧亚大陆和非洲大陆的重要迁徙通道"[2] 有关，除了常年生活在那里的许多当地物种，还有许多鸟类会季节性地经过中东地区。有人说，有关鹰的传说是从中东地区辐射开来的 [3]，但是另一种观点听起来同样颇有道理，那就是，虽然鹰的传说可能是从欧亚大陆传过来的，但世界各地同样形成了类似的传说，包括美洲和大洋洲。鹰在任何一种生态系统中都是令人瞩目的形象，因此创意无限的世界各地人民会赋予它相似的含义，也就不足为奇了。

一只鹰抓住一条鱼，另一只鹰因离太阳太近而羽毛被烧焦，图片来源于英国彼得伯勒大教堂或坎特伯雷大教堂的一本动物寓言集，约1200—1210年。

艺术史学家鲁道夫·维特科夫尔（Rudolf Wittkower）猜测，鹰是原始宗教最初的崇拜对象之一，它们代表了天空。[4] 虽然这些猜测的证据已经消失于史前，但是我们知道，鹰在古代近东是太阳的象征：人们通常认为，古代美索不达米亚的太阳圆盘上的那对翅膀是鹰的翅膀。现藏大英博物馆的一块刻有太阳神沙玛什的亚述浮雕上，清楚地显示了圣像中三个与鹰有关的元素：太阳神位于象征太阳的圆盘中间，两侧是鹰的翅膀，下面是鹰的尾羽。美索不达米亚人的宗教信仰影响了埃及人、希腊人和罗马人，他们的宗教符号都有鹰的形象，而且总是与太阳有关。

许多地方都把鹰作为太阳的象征，包括许多美洲和澳大利亚的原住民。人们认为鹰与其他鸟儿相比，飞得距离太阳更近，因此有机会接近太阳神或者万神殿中地位最高的天神。[5] 这名天神通常是男性，有意思的是，在大多数情况下，鹰都和男性、男子气概和父权有关，只是偶尔才会以女性的形象出现在神话故事中。例如，在墨西哥中部惠乔尔人（Huichol）的神话传说中，鹰之女神（Eagle Mother）就是太阳之母。[6] 就连民间故事，也经常把养育子女的鹰父母刻画成家长式的粗鲁形象，这种形象又延伸到了它们所代表的神灵身上。古代作家埃利安（约 175—235 年）的著作记录了当时已知的所有动物，其中有几个故事就是关于鹰的。他讲述了古代非常流行的一种观点，即鹰父母会检查自己的孩子是否有直视太阳的能力：

鹰父母会扶着羽毛未丰、身体仍然娇嫩的雏鹰，让它们直视太阳，如果雏鹰因无法忍受强烈的阳光而眨眼，就会被父母扔出巢外……如果雏鹰能够平静地直视太阳，那么毫无疑问，它就是鹰父母的真正后代，因为太阳的神火是检验鹰血统纯正与否的唯一公正清廉的标准。[7]

这类讲述鹰将雏鹰挤出巢穴的故事流传甚广，它们最早出自老普林尼和亚里士多德等古代作家的笔下，可能是为了解释鹰巢下方为何会出现已死亡的雏鸟，事实上这些雏鸟很可能是死于手足相残。

希腊神话中的主神宙斯（罗马神话中的众神之王朱庇特）和鹰之间的联系最初可能源于宙斯的天神身份——古希腊人可能受到鹰一飞冲天的形象的启发。宙斯同时也是雷电之神，他的象征物受此影响，经常以一只抓着闪电的鹰的形象出现。[8] 希腊人由此认为鹰不可能受到雷击，有人说他们将鹰的翅膀埋在自己的地里[9]，这样可以避免遭到雷击，然而考古上并没有发现类似的证据[10]。鹰与闪电之间的关系，和鹰是宙斯的传令鸟有关，这一象征和角色又往往延伸到犹太教和基督教的上帝身上。闪电通常还是武器的象征，因而鹰经常和武器以及战争联系在一起。[11]

鹰是宙斯的传令鸟。在《奥德赛》一书的开头，宙斯派两只鹰去向忒勒马科斯表示支持，鼓励他反对母亲的追求者。[12] 鹰经常被用来象征宙斯的气愤或霸道的爱情。当普罗米修斯违反天神的旨意，为人类盗取火种之后，宙斯对他的惩罚便是用锁链把他绑在地狱的岩石上，并每天派一只鹰去啄

伦勃朗·凡·莱因（Rembrandt van Rijn），《被掳走的伽倪墨得斯》（*The Rape of Ganymede*），作于1635年，布面油画。

食他的肝脏。[13] 宙斯爱上了美少年伽倪墨得斯（Ganymede），鹰于是绑架了这名少年，把他带到天上，献给宙斯。[14] 在奥维德（Ovid）的《变形记》（*Metamorphoses*）中，宙斯自己变成鹰，亲自掳走了伽倪墨得斯；奥维德还加上了伽倪墨得斯在奥林匹斯山为众神斟酒的细节。[15] 人们有时把天鹰座（the star constellation of Aquila）想象为伽倪墨得斯的化身。另外，鹰还反映了宙斯的智慧和全知全能：为了确定世界的中心，宙斯让一只鹰从东向西飞，一只鹰从西向东飞，以它们相遇的地点作为世界的中心。[16]

宙斯的鹰与太阳和风暴之间的关系，是鹰神话中一个常见的悖论。有人提出，中东和亚洲地区的人们喜欢将大鸟和暴风雨联系在一起，这个习俗流传很广，已扩展到民间信仰，远至威尔士，那里的人认为鹰有预测暴风雨的能力，甚至就

古罗马的这幅镶拼画，讲述了美貌的特洛伊王子伽倪墨得斯被伪装成鹰的宙斯拐走的故事。

是暴风雨的成因。[17] 鹰同时是太阳和暴风雨的象征，这一矛盾现象可能源于人类不知不觉中对自然力的一种更广泛的认识。阳光和闪电显然都是光明和力量的来源。另外，太阳和风暴之间的关系可能比我们想象的要简单一些。人的认识可以很轻易地抓住一件事物和它的对立面：黑暗和光明，黑夜和白天，创造和毁灭。除了阳光和闪电，鹰还与火有联系，而火本身的含义就非常模糊，兼具创造性和破坏性，既代表了生殖又代表了毁灭。

印第安人的雷鸟（Thunderbirds），是北美最著名的与风暴有关的鹰形象。在美国和加拿大的原住民心中，雷鸟是一种巨大的鹰或者其他猛禽，同时又是神灵的象征。雷鸟（又称雷神，Thunderers）主宰着雨水和气候，是许多重要的宗教仪式祭祀的主神，据说它们的翅膀一扇就会打雷，眼睛一眨就会有闪电。居住在美国西北部海岸的奎尔尤特人（Quileute）相信，雷鸟居住在被殖民者称为奥林匹斯山的一块蓝色冰川上——这无意中与古希腊的鹰神话正好吻合。易洛魁人的雷神希诺（Hino）有两只金色的鹰充当他的助手，分别为"科努"（Keneu，与闪电有关）和"奥沙达基亚"（Oshadagea，意为"露水之鹰"），它们从湖里运水，把水洒在被火神击中的地区。[18] 我们看到，易洛魁人巧妙地对鹰形象的两面性——在这个故事中为火与水——进行了概括。鹰经常在生与死之间的临界区域活动。祖尼人和霍皮人中流传着"鹰孩"（Eagle Boy）的传说，讲的是一个与鹰有特殊关系的小男孩学会飞翔的故事。小男孩不顾鹰的反对，自己飞去了一座死亡之城，结果被满城行走的骷髅困住了无法脱身，最后鹰把他救了出来，但是鹰群最终却把他逐出了它们的群体，因为他违反了规定，去了禁地。

另一个常见的跨文化母题是，鹰通常被认为享有通往天上、来世或者死后世界的特权。古罗马人认为鹰会把人的灵魂带往神的国度，因此鹰的形象经常出现在希腊人和罗马人的墓碑上。[19] 在古罗马皇帝的葬礼上，都有放鹰这一仪式，目的是让它们把皇帝的灵魂带到天上，交给神灵。鹰是尘世和阴间的媒介，从普罗米修斯所受的惩罚中也可以得到印证，每天都有一只鹰来啄食普罗米修斯的肝脏，使他一直在生死之间徘徊。最后普罗米修斯被折磨得奄奄一息，而鹰就是造成这种临界状态的原因。

人们相信鹰拥有通往死亡国度和天神国度的特权，因此理所当然地认为它们也拥有过人的知识，特别是了解宇宙万物及其运作的方式，由此交叉产生了许多与鹰传说中其他重要因素有关的联想。由视力的敏锐联想到了思想的敏锐：清晰的视线和清晰的头脑关系密切，因此鹰总是和聪明、睿智、果断和敏锐联系在一起，从而拥有解决问题的能力，以及康复的能力。人们认为鹰拥有高度的智慧和很强的道德意识，可能也是受到许多鹰科动物那沉思状的高高眉骨的启发。鹰天性喜欢思考，这种印象通常是源于鹰拥有举世公认的直视太阳的能力，因为这表明它们拥有过人的洞察力，或者是纯洁的内心："鹰无所畏惧地正视着太阳，正如只要心地纯洁，你就可以凝视永恒的光明一样。"[20]

13 世纪的学者巴塞洛缪斯（Bartholomeus Anglicus）在他的百科全书《事物的本性》（*On the Properties of Things*）中，把

视力和头脑清晰联系起来。他写道，鹰能直视太阳"而不眨眼"，这种"视力"，他接着说，"意味着最谨慎也最犀利的行动和语言"。[21] 视觉和思想敏锐之间的关系，使鹰历来与哲学和数学领域联系在一起。[22] 伽利略在《试金者》(*The Assayer*)一书中将哲学家（指优秀的哲学家）比喻为鹰：

> 我相信他们会飞，而且是像鹰一样独自地飞，而不是像椋鸟那样成群结队地飞。诚然，鹰是一种罕见的鸟类，人们很少看到它们的踪影，也很少听到它们的叫声，而椋鸟这类喜欢群居的鸟儿则叽叽喳喳，聒噪烦人，而且它们的巢穴下面总是一堆鸟粪。[23]

鹰光明的形象和敏锐的洞察力被延伸至宗教领域，福音书的作者圣约翰就是一个很好的例子。圣约翰的标志是一只鹰，我们经常可以在教堂的讲坛上发现鹰的雕刻，尤其是英国国教的教堂，彼得伯勒大教堂的讲坛便是一个著名的例子。讲坛上的鹰雕像不仅令人想起福音书的作者本人，还令人想起他更大的作用——传递上帝福音的使者，讲坛正是传播福音的地方。[24] 因此，在基督教的圣徒肖像中，鹰发挥了它们在其他神话中所起的许多积极作用。它们是人类和上帝之间的媒介，是光明的使者，也是一种明察秋毫的鸟儿。

但是洞察力容易和远见卓识混为一谈，希腊人和罗马人赞成通过观察鸟类的行为进行占卜的理论。观察鸟类的人被称为"鸟卜者"(augures 或 auspex，与 auspicious 同一词根)，而一种名为 aves alites 的鹰则被认为特别吉祥，这意味着人们

（右页图）福音书作者圣约翰和鹰一起看到了世界末日的情景，图片来源于《布列塔尼的安妮的祈祷书》(*The Grandes Heures o Anne Brittany*)，约1503—1508年。

会根据这种鸟飞行的状况来占卜吉凶。[25] 鸟卜的细节已经无考，然而这种做法似乎非常主观：鸟的位置和它们的行为都是占卜的依据。[26] 据说这些鸟能预知战争（也许因为它们是食腐动物，令人联想到战场），因此经常被视为凶兆。然而，非常矛盾的是，它们同时也被视为吉兆，能够预知重要人物尤其是统治者的出生。例如，弗里吉亚（Phrygia）国王弥达斯（Midas）的父亲在田里耕作时，面前出现了一只鹰，这预示着他的男孩将来能当上国王。[27] 据说古希腊德尔斐的神殿上空有很多鹰在盘旋（德尔斐的鹰数量确实不少，不过可能不是因为这里是希腊人认为的世界的中心或者肚脐，而是因为山间的热气流）。在《伊利亚特》和《奥德赛》中，有许多地方提到鹰的预兆，虽然两部史诗很自然地对一般的占卜产生了怀疑："太阳底下有很多鸟"，预言家之间争论不休，"并非所有的鸟都会带来预兆"。[28]

人类将鹰与洞察力和远见联系起来，其实就是认为鹰能自我疗伤，或者说有自愈的能力，对于一种本质上是食肉动物和食腐动物的鸟来说，这有点儿奇怪。希腊人相信每一只鸟都有自我疗伤的能力，鹰当然也属于这一范畴。据说鹰巢中有鹰石，又称 aetites，能够防止鹰卵过早地孵化，假如用在人类身上，则有防止女人流产的作用。[29] 如果你晃动这些石头，它们显然会叮当作响。普林尼认为，鹰石与怀孕之间的联系可能是因为这些石头肚子里似乎"孕育"着另一块石头。[30] 在中世纪和近代早期的英国，人们把这种石头绑在分娩女人的左腿上，以减轻她们的痛苦。[31]

据说目光锐利的鸟也能帮助人类改善视力：埃利安建议用鹰的胆汁和蜂蜜混合，制成的药膏有助于提升视力。[32] 西伯利亚的布里亚特人（Buryat）把鹰称为"第一个萨满"，因为它们具有神奇的功能，能为人类治病。[33] 印度神话中，一只鹰从天上给因陀罗带去了长生不老的药水"苏麻"（Soma）。[34] 许多与阳刚、多产和分娩有关的治疗都与鹰有关，这真是太有趣了：鹰血显然是最早的伟哥，而鹰粪则据说能治疗妇女的不孕。[35]

鹰的形象经常出现在许多北美原住民的宗教仪式和治疗仪式上，例如药束（medicine bundles），这是一种个人在宗教仪式上使用的图腾，以象征自己与神灵息息相通。在克劳人的"伤疤脸"故事中，鹰与药轮（medicine wheel，用于举行仪式的圆形圣地）的发明有关，"伤疤脸"在一次斋戒期间发明了药轮。"伤疤脸"（之所以这么叫他，是因为他小时候被烧伤过，脸上留有疤痕）看到龙卷风变成了一只鹰。鹰把"伤疤脸"带回自己的巢穴，并把他脸上的疤痕给治好了。"伤疤脸"随后帮助鹰抵御水獭，保护了雏鹰的安全，鹰和人类的关系从此掀开新的一页，进入了互惠互利的阶段。[36] 在北美，几乎人人都把鹰视为一种为人类工作的强大的精神实体，切罗基等印第安民族用鹰舞等仪式来赞美鹰。在许多原住民文

部落成员威尔·
什 卡（Will Tushka
手执鹰杖，在EB
（东部切罗基族印
安人）帕瓦节（Pc
Wow）的入场仪
上。帕瓦节每年
行一次，至今已
举行了37届。

美国本土鱼类
野 生 动 物 协
（NAFWS）的执
董事弗雷德·马
（Fred Matt）手执
杖，在NAFWS的
30届全国年会上。

054

在新南威尔士的鹰
保护区中，有一幅
描绘人类先祖鹰的
壁画。

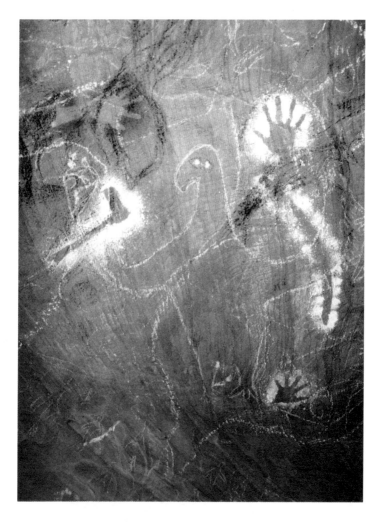

化中，鹰都是家庭和族群的守护神，它们的形象经常出现在雕刻、玩偶和绘画作品上。

医疗与鹰之间的关系，与自然界的平衡概念有关，而且有一种鹰传说更是直接提到宇宙平衡的观念：全世界随处可见的鹰与蛇的主题。鹰与蛇的故事最早出现在中东和西欧，后来传到"中南美洲、美拉尼西亚和波利尼西亚……以及巴厘岛和根本就没有蛇的新西兰"。[37] 有人认为,这一文化母题最早起源于美索不达米亚,后来才传播到全世界,但是这些传说完全有可能是各个文明独立产生的。鹰确实经常吃蛇——当然,蛇雕专门吃蛇——而两种令人生畏的动物互相搏斗的景象很难不激发观者的宇宙观。

在美索不达米亚的象征符号中,经常可以见到鹰与蛇的主题。在苏美尔人和巴比伦人的神话中,有个与埃塔纳(Etana)有关的故事,讲的是鹰和蛇试图在一棵神树上和平相处。有一阵子它们相安无事,但是等鹰吃掉蛇的孩子之后,双方彻底反目成仇。太阳神沙玛什同意帮蛇报仇,他让蛇躲在牛的尸体里面。等鹰来吃死牛时,蛇趁机向它发起进攻,把鹰翅膀上的羽毛咬成了碎片。故事的第二部分主要讲述国王埃塔纳不能生育,被太阳神沙玛什派去解救落在陷阱里的鹰。埃塔纳和鹰互相帮助:埃塔纳把鹰从陷阱里救出来,鹰说它将帮埃塔纳找到治疗不育的药草,希望国王能有王位继承人(鹰为人类治病的又一例子,鹰得救后也得到了精心的治疗)。鹰想把国王带到天上寻找药草,但是试了三次都没有

公元10世纪君士坦丁堡的大理石浮雕,雕刻的内容包括鹰、蛇和兔。鹰蛇和鹰/兔的主题经常出现在中期拜占庭的雕刻作品中。

成功。最后国王坐到鹰的背上，成功飞上了天，虽然这个故事没有完结，但是国王求子的愿望显然实现了，因为在苏美尔王表中，埃塔纳的儿子继承了他的王位。

由鹰／蛇而衍生出来的主题比较少见，但是并非没有，例如普林尼提到的鹰龙大战的故事。[38]许多人认为鹰／蛇的主题象征着天国势力与人间势力的联合。这从北欧神话中的世界之树（Yggdrasil）可见一斑。这棵神秘的梣树支撑着整个世界（和另外 8 个王国），树上有一只鹰，树底有一条蛇，这和埃塔纳的故事非常相似。在《诗体埃达》（Poetic Edda）和《散文埃达》（Prose Edda）流传的故事中，有一只松鼠沿着世界之树上上下下，在鹰和蛇之间挑拨离间。树上的那只鹰两眼之间还停着一只猎鹰。其他"生命之树"的神话中也有鹰，例如西伯利亚原住民布里亚特人就传说鹰和蛇经常在树下成对出现。[39]

在许多文化中，经常可以见到以鹰吃蛇为主题的绘画作品。这幅壁画名为《墨西哥国徽上的鹰和蛇》（Eagle and Snake of the Mexican National Emblem），是让·查洛（Jean Charlot）为墨西哥城的圣伊尔德丰索大学（San Ildefonso College）创作的。

鹰与蛇的主题可能象征着宇宙的平衡，或者象征着善与恶之间争夺统治地位的斗争。它还可能和多产或者性欲有关，使之"除了宇宙的意义之外，还具有深刻的心理学意义"[40]。即使它象征的是天堂和地狱，天界和尘世，太阳和月亮，或者光明和黑暗，我们也不应该消极地理解地狱、尘世、月亮和黑暗。鹰的象征意义非常复杂，蛇更是如此；蛇是世界之初、生命和再生的象征。[41] 因此它们可能不是代表着两种敌对势力（其中鹰为善的一方），而是所有宇宙力量的层层叠加，尤其是生殖能力，因为这两种动物都是再生的象征。鹰和蛇的主题可能知道一分为二和对立的抽象概念，并知道这些概念支配着人的一生；与宇宙斗争和平衡这些更广大的概念相比，也许每只动物的具体含义已经不太重要。因此，我们不能对这种复杂的符号进行过分简单的解读：妙处可能正在于它的复杂性。有趣的是，许多描绘鹰蛇争斗的作品展示的都是两者正在搏斗的紧张时刻：宇宙之战是永恒的，永远也不会结束。

由于鹰在自然界扮演的角色是食腐动物和食肉动物，考虑到这一点，我们可能会对鹰在神话故事中没有更多的负面形象感到惊讶。少数几个描写鹰之邪恶的故事，往往都是写它们把人抢走。在北欧神话中，邪恶的巨人夏基（Thjazi）化身为鹰，掳走了美丽的女神伊登（Idunn）。北欧神话中的另一个巨人赫拉斯瓦尔格尔（Hræsvelgr）也变成鹰，用翅膀扇起狂风。[42] 除了这些邪恶的鹰，还有许多天神和英雄变成鹰的神话故事；在威尔士神话中，英雄莱伊·劳·吉费斯（Lleu Llaw Gyffes）变成一只鹰逃过了暗杀。[43]

许多与鹰有关的概念——太阳和风暴，智慧和危险，治愈和死亡——都是互相矛盾而又互相关联的，因此，鹰的精神传说经常与纯粹的神兽产生交叉，例如大鹏（Roc）、凤凰和格里芬这类怪物、奇鸟和杂交的神兽，这也许非常合理。神话中的鹰经常是体型庞大的巨鸟，看来我们不得不把神话故事中的这些大鸟想象得更大。也许这些故事并非完全毫无依据——毛利人的巨鹰（Te Hokioi）传说完全可能是对哈斯特鹰的文化记忆。全世界的巨鸟传说，似乎都是以鹰或者鹰身体的某个部位作为灵感的来源。

美索不达米亚的杂交神鸟"安祖"（Anzu）便是最早的例子之一。安祖住在山上，长着鹰的身体和狮子的脑袋，一

开始安祖代表善的一方，后来成为麻烦的象征。安祖是暴风雨和河流的象征，但同时也是太阳的象征。[44] 在卢伽尔班达（Lugalbanda）的故事中，安祖是一只好心肠的神鸟，它外出归来发现英雄卢伽尔班达喂饱了自己的孩子，于是一口答应帮助对方。安祖为卢伽尔班达提供的帮助包括让他拥有"光的速度和风的力量"，显然两者都在鹰的一般权限范围之内。[45] 后来，安祖变成恶魔，从众神那里偷走了具有魔力的"命运泥板"（Tablet of Destinies），从而使自己变得无所不能。宁吉尔苏（Ningirsu）被派去消灭安祖：安祖的狮头后来变成了战争、丰收和植物之神宁吉尔苏的象征。[46] 美索不达米亚三角洲的农业依赖一年一度的洪水泛滥，因此丰收和大雷雨联系在一起。安祖在苏美尔语中被称为"伊姆杜吉德"（Imdugud），它还和伊南娜（Inanna，暴雨和雨水之神）、恩基（Enki，水神）等掌管水和天气的其他神灵有联系。伊姆杜吉德张开翅膀，天色变暗，干旱地区立刻大雨滂沱。[47] 隆隆的雷声和狮子的吼声非常相似，早期美索不达米亚人大概受此启发，认为安祖应该有个狮子的脑袋。[48]

　　鹰还经常和神话中的动物混淆在一起，例如凤凰、阿瓦莱里恩（Avalerion）和格里芬。冰岛传说中的巨鸟"加穆"（Gammur）长得像鹰或者格里芬，是冰岛的四大保护神之一：能够抵挡来自宇宙和地面的攻击。在中世纪的动物寓言中，鹰的象征意义经常和凤凰等神话中的鸟类保持一致，尤其是假设它们都拥有再生能力这一点。一份13世纪的手稿这么形容鹰的自我再生能力：

波希米亚画家瓦茨
拉夫·霍拉（Wen-
ceslas Hollar）笔下
的神兽——鹰头狮
身的格里芬。

随着年龄的增加，鹰的翅膀越来越重，视力也
越来越模糊。随后它们会找一个泉水，并向太阳飞
去；鹰的翅膀燃烧起来，太阳的光线也把它们的眼
翳烧掉了。接着鹰会落入泉水，并潜入水下三次。
它们的翅膀立刻恢复了原来的力量，眼睛也恢复了
以前的视力。[49]

这一段对鹰重生的描写，可能是看到鹰冲入水里捕鱼，
随后又腾空飞起而产生的联想的结果。中世纪的基督徒认为
这是一个关于精神重生或者洗礼的寓言，通过逆转正常的衰
老过程表达其主旨：

因此，垂垂老矣、衣服破败、心灵蒙尘的你，应
该去寻找主的精神净土，在正义的上帝面前睁开你的
心灵之眼，然后你将像鹰一样重新恢复青春。[50]

　　这一重生的主题是从希伯来文转来的，例如"他［耶和
华］用美物，使你所愿的得以知足，以至你如鹰返老还童"
（《圣经·诗篇》，103:5）[51]。鹰还是升天尤其是"基督升天"
的象征。

　　《圣经》中提到的鹰似乎是借用了中东各民族的鹰传说，
包括美索不达米亚的安祖鸟神话，后者可能经过希伯来人的
加工，成了《圣经·诗篇》和《米德拉什》（*Midrash*）中出现
的巨鸟席兹（Ziz）。[52] 中东的驯鹰术非常有名，对猎鹰也非
常尊敬，这从荷露斯（Horus）等神祇的形象中可见一斑。虽
然如此，鹰却是迄今为止《圣经》中最常提及的猛禽，而且
似乎都是未经驯服的野鸟。《圣经》有时把鹰和秃鹫混为一
谈，美索不达米亚和黎凡特的传说中也有类似的情况。[53] 基
督教经典中出现的鹰许多都是比喻性质，而不是神话传说，
但《启示录》中圣约翰身边的那只鹰，则更多的是前者的标
志物。

　　《以西结书》和《启示录》中出现的四种异物中，都有
鹰；这些异物代表了有生命的活体，被认为是上帝力量的展
示。在《以西结书》（10:14）中，这些异物似乎是组合而成
的："基路伯各有四脸：一是基路伯的脸，二是人的脸，三是
狮子的脸，四是鹰的脸。"《启示录》（4:7）写到它们是四种
不同的活物："宝座中及宝座周围有四个活物，前后遍体都长

大约公元1070年
成书的阿基坦圣
塞韦修道院（Saint-
ever, Aquitaine）
的插画手抄本《圣
塞韦的贝亚图
斯》（Saint-Sever
eatus）中的一幅
插图，这本书的
内容完全来自8
世纪晚期列瓦纳
（Liébana）的西班
牙修士圣贝亚图斯
编写的《启示录
评注》。

满了眼睛：第一个活物像狮子，第二个像牛犊，第三个脸面
像人，第四个像飞鹰。"总之，对这些异象的详细描绘都是
为了表明它们的无所不知：它们是围绕在上帝的宝座四周的
天使化身。[54] 在次经（Apocrypha）《以斯得拉二书》中，有一
只长着 6 对翅膀和 3 个脑袋的巨鹰，据说代表了公元 1 世纪罗
马帝国对犹太人的迫害。[55]

　　正如与基督教以前中东神话中的鹰有千丝万缕的联系一样，《圣经》中的鹰也和神力、王权、太阳、风暴和死亡有关，而且它们又一次代表了正义和邪恶两个极端。在《以赛亚书》中，我们看到鹰和重生与再生联系在一起："但那等待耶和华的，必重新得力，他们必如鹰展翅上腾。"[56] 鹰的形象有时和

上帝本人联系在一起，虽然形式上要比和宙斯等高级神祇在一起时铺张得多。在《申命记》中，上帝的天父形象通过鹰得以充分的展示："又如鹰搅动巢窝，在雏鹰以上两翅扇展，接取雏鹰，背在两翼之上，这样，耶和华独自引导他，并无外邦神与他同在。"[57] 但是在《耶利米书》（49:16）中，鹰却象征了人类在复仇的上帝面前的狂妄自大："你虽如大鹰高高搭窝，我却从那里拉下你来，这是耶和华说的。"《圣经》鹰的其他负面形象都与它们是食肉动物有关，这也许正是《利未记》禁止食鹰的原因。[58]

　　然而，许多时候，鹰仅仅是为《圣经》的写作者提供了生动的形象而已，尤其是在比喻速度和力量时，例如"他们活时相悦相爱，死时也不分离；他们比鹰更快，比狮子还强"。[59]

　　但是《旧约》中对鹰最诗意的描绘可能来自《箴言》（30:18—19）："我所测不透的奇妙有三样，连我所不知道的共有四样。就是鹰在空中飞的道，蛇在磐石上爬的道，船在海中行的道，男与女交合的道。"抛开宗教的隐喻不谈，这段话表达了任何看过鹰飞翔的人由衷的赞美和感激之情，无论他赞美的是上帝还是自然。

在欧洲殖民者把基督教带到美洲和澳大利亚之前，许多原住民已经拥有高度发达的宗教，他们也使用鹰作为象征。阿兹特克人的寺庙和宗教场所，以及像托尔铁克这些与阿兹特克有联系的更早期的文化，均随处可见鹰和可能参照了鹰

鹰、蛇、仙人掌与特诺奇提特兰城的建立》图片来源于《托瓦尔手抄本》（Tovar Codex）。这本书据说由16世纪墨西哥耶稣会的传教士胡安·德·托瓦尔（Juan de Tovar）所作，书中详细记录了阿兹特克人（又称墨西哥人）的各种仪式和习俗。

乔治·卡特林（George Catlin），《斯图米克-奥-苏克斯》（意为"野牛比尔背上的脂肪"），作于1832年。

的有翅杂交神兽的形象。[60]在用活人祭祀时，阿兹特克人把敌人的心脏取出来，装在刻有鹰和美洲豹雕像的大碗里，鹰和美洲豹分别象征着白天和黑夜。

这些巨大的雕塑被称为 cuauhxicalli，意思是"鹰碗"（eagle bowl）；献祭的活人被称为"鹰人"（eagle men）；他们的心脏被称为"鹰-仙人掌的珍果"（precious eagle-cactus fruit）。[61]鹰羽是阿兹特克人的最高神威齐洛波契特里（Huitzilopochtli）的

约瑟夫·亨利·夏普（Joseph Henry Sharp）的作品《羽毛头饰》（*The War Bonnet*），描绘了大平原印第安人佩戴的传统鹰羽头饰。

象征，虽然并非只有他一人有佩戴鹰羽的权利。然而，是威齐洛波契特里指引墨西哥的阿兹特克人来到特斯科科湖（Lake Tetzcoco），并在那里建造了伟大的特诺奇提特兰城（现在的墨西哥城所在地）的，因为他们在那里看到了他所说的景象——一只鹰停在仙人掌上——所以鹰羽在威齐洛波契特里的形象中也许有着特殊的含义。[62] 除了和威齐洛波契特里有联系，鹰还和阿兹特克人的太阳神托纳蒂乌（Tonatiuh）有关。阿兹特克人仪式上敲的鼓也雕刻着鹰和雄鹰战士的主题。雄鹰战士是阿兹特克士兵中的精英，仍有许多关于他们的精美雕刻流传于世：其中一尊雄鹰战士身穿鹰甲，戴着夸张的鸟喙状头盔的形象非常引人注目。[63]

在美洲原住民文化中，鹰经常和军事活动联系在一起，这一点与欧洲文化并无二致。大平原印第安人著名的羽毛头饰可能就是一个最夸张的例子。然而在北美原住民文化中，鹰与和平的关系丝毫不亚于其与战争的关系。五大湖周围的几个易洛魁部族成立了易洛魁联盟，联盟的标志是一棵"和平树"（Tree of Peace），树上有一只鹰，负责瞭望和放哨。

佐治亚州有一个鹰状的岩石堆，是1 000多年前现代原住民的祖先建造的；这个岩石堆有着明显的宗教意义，然而其确切功能却至今存疑。北美西海岸原住民那些人兽混合的怪物图腾也包含了一些鹰的特点。鸟类——鹰、猎鹰和乌鸦——的喙的形象经常出现在艺术作品和建筑雕刻中。例如，长屋[1]的大门上方经常建成巨大的鸟喙状（既可作为顶篷，又具有象征意义），而且鹰的形象也经常出现在彩绘的箱子等物品上面。这些形象中的喙代表了"自然界以外的某

（右页图）用北美红杉雕成的海达族图腾柱"嘎亚娜"（Gyaana），位于英属哥伦比亚白石镇狮子山公园的图腾广场。

1 印第安人居住的房屋，因为很长，故名。

种生灵；其多重属性表明了它的多重身份，其混合的形状表明了它的善变或说多变"。[64]鹰同时也是海岸印第安人部落和部落分支的图腾。在海达族（Haida）、伊亚克族（Eyak）和特里吉特族（Tlingit）的社会制度中，鹰经常和乌鸦一起，被认为是神灵安排给部族的动物。

在澳大利亚的原住民文化中，鹰也有着类似的含义。整个澳洲大陆流传甚广的神话传说都是些和"鹰-乌鸦"（Eagle-Crow）有关的故事。[65]"鹰-乌鸦"的庞大故事网络横跨整个澳洲大陆，但是说到对鹰广义上的理解，它们之间却存在着一些共同的思路——这里指楔尾雕——那就是将其视为一种文化象征。这些故事通常描写鹰和乌鸦之间敌对而又共生的关系，有趣的同时（通常很好笑），又有宏大的主题。故事内容从对自然的观察和鸟类行为的解释，到宇宙的产生，水的形成，星座的位置，等等。有个常见的故事主题解释了乌鸦为什么是黑色的。一个版本说，鹰因受到乌鸦的骚扰而不得不放弃猎物，于是决定报仇。一天天寒地冻，鹰在山洞里放了一捆干柴。"浑身如凤头鹦鹉（cockatoo）一般白"的乌鸦为了避寒，躲进了洞里：

> 夜里，鹰在乌鸦的床边燃起了干柴，把它们的羽毛烧个精光。等乌鸦的羽毛再长出来时，就是黑色的了，从此以后乌鸦的羽毛就变成了黑色。这个洞穴至今被称为"窝卡亚安平地纳"（Wocalla an Pindina）——烧乌鸦的地方。[66]

这类故事包含了许多文化含义，它结合了对自然的观察（鸟类的行为——乌鸦总是骚扰鹰）、对自然现象的神秘解释（乌鸦的颜色）、道德含义（复仇的故事）、地理和历史知识（洞穴的名字）。

然而，"鹰-乌鸦"的故事主要体现了澳洲原住民部落或者部落分支的社会制度，尤其是与婚姻有关的禁忌。鹰不能和鹰结婚，乌鸦不能和乌鸦结婚，这些复杂、神秘而又玩世不恭的神话故事解释了部落之间通婚的现象。

鹰在这些故事中的性格摇摆不定——既是英雄又是坏蛋——然而有趣的是，鹰总是与天空和男子气概联系在一起，它们在其他许多文化中也是如此。有人提出，鹰代表了打猎的父亲，体型较小，喜欢捣蛋，经常掠夺鹰的猎物的乌鸦则是他的暴发户儿子。和其他文化一样，鹰也和水以及风暴有关。鹰曾化成"智者"和巫医，把湖（神话中唯一的湖）里的水全都装进袋子，带到天上："与其所有的水都在一个地方，还不如让雨把它们带到各个地方。"[67]弗雷德·比格斯（Fred Biggs）是汪盖邦族（Wongaibon）的说书人，他的《鹰的诞生》的故事表明，鹰传说中存在跨文化的其他共同点。这个故事讲的是，早在人类出现以前，两姐妹（全世界的原住民故事，往往是先有生物——甚至人——再有人类）用一朵花和几张树皮孕育出了鹰，结果两姐妹收养了鹰宝宝："她们把它带回家，抚养它长大。鹰成了她们的好朋友。他就是聪明绝顶的伊格尔霍克（Eaglehawk）。这个故事很像圣母马利亚和耶稣的故事。"比格斯认为，人类始祖鹰的出生是圣灵感孕说的一种形式。[68]另一个与起源有关的原住民神灵是渔神

"纳莫罗多"（Namorodo），他能变身为澳大利亚的白腹海雕。
从那些古老的岩画中，我们可以一窥鹰在原住民心目中的重
要地位。新南威尔士州重要的"鹰保护区"内有一幅简洁有
力的岩画，画的是一只用爪子抓着回旋镖和斧头的鹰。这幅
岩画的创作年代可以追溯到1 600年前。一般来说，我们今天
看到的岩画都是一代代人不断加工的结果。[69]

　　鹰的跨文化神秘力量经常通过变形或者杂交得到增强。
这种猛禽一旦和人类的智慧或者狮子等不同动物的能力相结
合，往往产生一种非同凡响的文化形象。格里芬是一种鹰头
狮身的怪兽，长着鹰的翅膀和嘴巴。格里芬最先出现在美索
不达米亚的圆筒形图章上。在早期神话中，外表像鹰的格里
芬与太阳、光明和金子有关；据说格里芬住在金子做的巢穴
里，负责守护财宝、坟墓和宫殿。基督教将格里芬改成了基

督的象征，可能因为它是守护神，且兼具天（鹰）地（狮子）两种特征。[70] 根据希腊神话，格里芬有个金窝，下的蛋也是玛瑙蛋。[71] 格里芬经常出现在中世纪的纹章中，因为狮鹰合一被认为是特别高贵的象征。斯芬克斯是另外一种与鹰有关的杂交神兽，至少在一些版本中是如此。波斯和希腊神话中的斯芬克斯都有翅膀，有时会特指是鹰的翅膀。斯芬克斯的性格和鹰一样具有多面性，是一个亦正亦邪的跨文化形象。

印度神话中的伽鲁达（Garuda）是一种人鸟合一的神鸟，具有鹰的头、翅膀和爪子。他是毗湿奴（Vishnu）的坐骑。伽鲁达的身子是金子做的，人们有时将他和太阳联系在一起，虽然严格说来，他并不是太阳神。伽鲁达是正义的象征，其母亲是蛇神毗娜达（Vinlata/Vinita），他与绑架他母亲的"蛇神那伽"（naga serpents）有不共戴天之仇。波斯的西摩夫（Simurgh）和阿拉伯的大鹏也和伽鲁达有联系，东方神话中这两种巨鸟通常都和鹰有关。西摩夫很善良，它的身体由几种动物（孔雀、狗、狮子，有时还包括人）组合而成，本身具有自愈的能力。西摩夫和雨水以及生活在生命之树上的生灵有关——这些特征全都可以在其他的鹰神话中找到。西摩夫抚养幼儿，拯救难产的妇女，一些其他的鹰神话中也有类似的故事。阿拉伯人的大鹏则是一只令人生畏的猛禽，水手辛巴达（Sinbad the Sailor）一看到它便心惊胆战的故事已经家喻户晓。人们有时猜测大鹏是白色的，这与斯拉夫神话中的白鹰有共同之处。斯拉夫三兄弟莱赫、捷克和罗斯建国的故事中讲到，莱赫看见一只白色的鹰，并以之为征兆，建立了波兰，现在白鹰依然是波兰的国徽。

哈耳皮埃也是一种人鸟合一的神兽——有翅女妖——她经常和秃鹫联系在一起，但有时也和鹰联系在一起。"哈耳皮埃"的含义是"掠夺者"，和"猛禽"的意思非常接近。以灵长类动物为生的"哈佩雕"是世界上体型最大也最令人生畏的鹰科动物之一，"哈佩"这个名字要么起源于哈耳皮埃的传说，要么起源于 harpy 这个词的词源。哈耳皮埃通常是些邪恶的女妖，她们臭名远扬，经常掠夺对手的食物（很像一只

吕西亚（Lycia）位于今土耳其桑索斯（Xanthos）的哈耳皮埃墓细节，约公元前475年。

抢夺别人猎物的鹰），有时甚至连对手本身也一并抓去（很像
一只猎食的鹰）。不过，她们在纹章中同样有一席之地，例如
列支敦士登公国的国徽上，就有一只长着女人头的鹰，名为
"处女鹰"。

鹰与其他动物杂交的例子还有很多。骏鹰（hippogriff）就
是一种非人形的混血神兽，是格里芬和马杂交的产物。由于
主要是格里芬与鹰相似的那部分被转移到了骏鹰身上，因此骏
鹰实际上是一种鹰与马杂交的神兽。阿里奥斯托（Ariosto）在
《疯狂的奥兰多》（*Orlando Furioso*）中提到了骏鹰，但是现在
最为大众所知的骏鹰，也许是 J. K. 罗琳的《哈利·波特》系
列作品中的巴克比克（Buckbeak）。相比之下，在全世界与
鹰杂交的神兽中，杂交之王的桂冠可能非墨西哥奥尔梅克人
（Olmecs）的天神莫属，因为它除了长得像哈佩雕，还像凯门

鳄、美洲豹、蛇和人。奥尔梅克人的天神兼具多种动物的特点，因此能够同时代表太阳、水、大地和丰收。[72]

鹰在神话中的杂交性、模糊性和复杂性使之成为人类最具包容性的象征符号之一。鹰的含义如此深广，无怪乎许多国家和民族都将其作为自己文化的主要象征：下一章我们将深入探讨鹰是如何占据全世界的纹章、勋章和旗帜，成为最常见的动物标志的。

第 三 章

爱国主义的标志：

旗帜、纹章和徽章

鹰在民间传说和宗教信仰中的主导地位，使其长期以来成为纹章、徽章和民族的象征。鹰与最高荣誉之间的联系很多都和它被视为百鸟之王的民间传统有关。鹰是百鸟之王的观念显然来源于它们是大多数生态系统中的顶级捕食者这一事实。宗教信仰把人类的统治者，尤其是帝王，和太阳以及太阳神联系在一起，因此，象征太阳的鹰在许多文化中便成为王权的象征。民间故事中有大量鹰预言掌权和登上王位的故事——曾有一只鹰掳走了罗马国王塔克文·普里斯库斯（Tarquinius Priscus，公元前 616—前 579 年在位）的帽子之后，又飞回来，帽子又回到普里斯库斯的头上，这件事被认为预示着普里斯库斯将成为一位伟大的国王。亚历山大大帝则看到一只鹰飞过，于是预言自己将征服波斯的古老传说也众所周知。[1]

文化特征、王权和鹰的象征意义之间的联系可以追溯到古老的美索不达米亚神话。埃塔纳的故事就是一个很好的例子，它显示了鹰的传说是如何把王权与更宏大的宇宙主题联系在一起的。埃塔纳的王权和血统在宇宙平衡（鹰与蛇之间的斗争）、罪恶、救赎、公平和治愈的背景下建立起来。

鹰成为政治符号的其他解释是，在象征王权的故事中，鹰经常与它那众所周知的智慧联系在一起，这为它的统治权提供了一个隐含的理由。在王族血统和文化传承的故事中，经常出

现鹰代养或者守护的内容。在埃利安写的许多鹰传说中，就有一个婴儿吉尔加莫斯（Gilgamos）的故事，吉尔加莫斯的爷爷因为担心这个孩子将来会篡位，于是把他从塔上扔下去："一只眼神锐利的鹰目睹了这一切，它乘孩子尚未落地，飞到他下面，张开翅膀接住他，然后把孩子送到一个花园，再小心翼翼地放他下来。"[2] 花园的园丁把这个小男孩抚养长大。在一个类似的故事中，埃利安说他听说波斯人都是阿契美尼斯（Achaemenes）的后代，而阿契美尼斯据说是由一只鹰养大的。[3]

在匈牙利有个古老的传说，上帝派鹰指引自己的子民回到故乡——现在的匈牙利。[4]

欧洲以鹰作为军徽的传统同样可以追溯到美索不达米亚，因为鹰是美索不达米亚的战神宁努尔塔 / 宁吉尔苏（Ninurta/Ningirsu）的象征。单头鹰和双头鹰同为苏美尔城邦拉格什

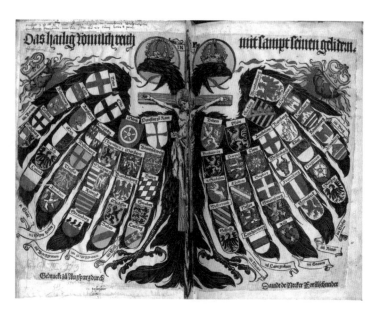

神圣罗马帝国各诸侯国，套色木刻，约斯特·内克尔（Jost de Necker）创作，1510年由戴维·德·内克尔（David de Necker）出版。

（Lagash）的标志。从这些以及地中海周围类似的鹰徽中，诞生了古代最著名的鹰徽——罗马帝国的鹰徽。根据老普林尼的说法，罗马将军盖乌斯·马略（Gaius Marius）最先以鹰旗[1]作为罗马的军旗。普林尼解释说，在马略之前，罗马的军队曾使用过三种其他的旗帜（狼旗、米诺陶[2]旗和马旗），但是马略"把它们全都废除了"。普林尼接着写道，罗马军团不管在哪里野营，营地上方总会出现一对正在筑巢的雄鹰。[5]罗马的鹰旗除了是罗马帝国或者军队的象征，还是一种宗教标志。高高地矗立于人群上方的罗马军旗，是罗马人与天国之间联系的纽带。鹰作为众神尤其是朱庇特的使者，它的形象出现在军旗上，意味着人类与天国之间产生了联系。因此，军旗实际上备受尊崇，传说罗马军队的将领曾把鹰旗扔进敌方的阵营，从而激励将士们奋勇当先，把军旗夺回来。[6]

1 准确地说，应该称为"鹰徽"，此时罗马军团的旗帜还不是我们常见的布制军旗，而是一根标杆，上面挂有各种饰物，顶端是金属的动物立体图形。为了行文一致，文中统一称为"鹰旗"。

2 希腊神话中牛头人身的怪物。

罗马鹰旗是全欧洲鹰徽的始祖，随着文艺复兴开启了欧洲殖民扩张的历史，鹰徽甚至传到了全世界。历史上的个别统治者对雄鹰标志的传播起了推动作用：查理曼等神圣罗马帝国的皇帝使用各种不同的单头鹰标志，单头鹰后来成了德意志帝国的象征。

罗马帝国的雄鹰标志浮雕，现藏约克市的约克郡博物馆，约克郡即罗马时代的埃博雷肯（Eboracum）。

位于巴黎小凯旋门东北侧的胜利女神像，安托万-弗朗索瓦·热拉尔（Antoine-François Gérard），作于1809年。

拿破仑的鹰旗同样来自罗马帝国，拿破仑让士兵扛着嵌有雄鹰雕塑的旗杆，像极了最初的鹰旗。雄鹰除了成为军事和帝王的象征之外，最终还变成了欧洲贵族之家常见的家徽。12世纪初，雄鹰首次出现在正式的纹章上，可能在奥地利。[7] 雄鹰很快成为纹章上最常见的鸟类。纹章上的雄鹰最常见的一种姿势是"展开"（displayed），这个词用来形容纹章上方的猛禽翅膀展开的形状。翅膀展开本质上是现实中猛禽进攻的风格化展示：身体竖立，翅膀展开，爪子前伸，准备进攻。[8] 纹章上的雄鹰还有其他各种各样的姿势，包括翅膀合上、正在憩息或者各种不同的飞行姿势。[9] 雄鹰纹章刚在欧洲大陆获得认可，便进入了不列颠，并在13世纪流行起来：14世纪初，不列颠出现了40多种带有雄鹰图案的纹章。[10]

下奥地利州的塔⃞
河畔魏德霍芬教⃞
圣母升天教堂唱诗⃞
班席位上方的戴皇
冠的双头鹰雕刻⃞
中间有奥地利国旗
的盾形图案，雕刻
完成于1723年。

世纪末米兰根据
本·巴特兰（Ibn
tlan）的《保持健
》（Taqwim alsihha）
译的拉丁文手抄本
为《健康全书》，
cuinum sanitatis）。

　　中世纪欧洲著名的德比伯爵（Earl of Derby）的纹章，则包
含了一个鹰抚养斯坦利家族孩子的故事。这个发生在兰开夏郡
的故事又名"莱瑟姆传说"（得名于莱瑟姆庄园），讲的是托马
斯·莱瑟姆爵士（Sir Thomas Lathom，死于 1370 年）在一个鹰巢
中发现了自己年幼的继承人。

民间流传的版本则说，一位怀有身孕的爱尔兰王后因英军兵临城下而逃到荒野，并在那里生下一对双胞胎。仙女偷走了双胞胎中的女婴，男婴则被鹰带到了英格兰，莱瑟姆爵士在自家庄园的鹰巢里发现了这名男婴。莱瑟姆爵士把婴儿救下，抚养他长大，并把他列为继承人，最后他继承了莱瑟姆庄园。（有人说这个故事是莱瑟姆爵士编造的，目的是使自己的私生子获得合法的继承权。）后来这个男孩的后代嫁给了斯坦利家族，因此鹰和孩子的故事现在成了斯坦利家族纹章的一部分。一些酒馆也以这个故事命名，特别是在斯坦利家族过去的产业周围，其中最著名的是牛津的"鹰和孩子"（Eagle and Child）酒馆。[11]

双头鹰是鹰形纹章最重要的一个变种。它直接来源于近东文化，例如赫梯人的狩猎和幸运之神伦达斯（Rundas）的标志就是一只双头鹰，而且鹰的两只爪子各抓着一只野兔。[12] 双头

这枚面值12卢布的硬币，上面刻着俄国罗曼诺夫王朝沙皇的纹章——双头鹰。

鹰最终成了拜占庭等帝国的象征。拜占庭帝国使用双头鹰的具体情况有些模糊不清，但肯定被末代王朝帕里奥洛加斯的皇帝们使用过，而且使用的时间甚至可能更早。双头鹰的含义随着环境的不同而有所变化。一般认为它代表了 13 世纪拜占庭帝国向东西方的扩张。可是几百年来双头鹰同时也是神圣罗马帝国和俄国等许多国家，尤其是东欧国家的象征；1993 年俄罗斯再次将双头鹰作为自己的国徽。英国的纹章中也有双头鹰，通常表示这个家族拥有日耳曼血统。

从军旗和统治阶级的纹饰，鹰自然而然地登上国旗和国徽，成为整个国家和民族的象征。这些国旗和国徽上的鹰含义模棱两可，而这些特点通常与真正的鹰有关：鹰的符号既代表了独立和自由，又代表了暴政和压迫。总的说来，跟以前相比，现在的国旗很少使用鹰，但是它们仍然频繁出现在欧洲各

087

州府和城市的旗帜上。鹰的形象也经常出现在那些直接起源于
欧洲贵族纹章的国徽上。[13] 这些纹章上的鹰大部分都有意指向
罗马的鹰旗，但是在有些国家，例如波兰和冰岛，鹰的象征意
义却来自当地的民间传说。

　　欧洲以外的国旗和国徽上也经常有鹰的形象。上面已经说
过，罗马的鹰旗可能至少部分来源于早期地中海沿岸的中东和
北非文明，因此阿拉伯文化中同时出现鹰的象征符号也就不足
为奇了。12 世纪叙利亚和埃及的苏丹萨拉丁（Saladin）的个人
纹章中，显然就有一只鹰。这个标志被一些现代阿拉伯国家用
作阿拉伯统一的象征，并于 1958—1961 年成为阿拉伯联合共和
国（United Arab Republic）的国徽。萨拉丁之鹰是一只头朝左、
翅膀展开的鹰，这只鹰既出现在埃及的国旗上，同时也出现在

埃及、伊拉克、巴勒斯坦、约旦和也门的国徽上。叙利亚和利比亚则将国徽上的鹰改成了阿拉伯雄鹰，但是模样和萨拉丁之鹰非常相似。

许多纹章上的鹰图案描绘的都是当地特有的鹰品种，例如，巴拿马国徽上的哈佩雕，以及赞比亚国旗和国徽上的非洲鱼雕。津巴布韦的国旗上有一只风格化的鸟，名为"津巴布韦鸟"，是根据考古学家在大津巴布韦古城发现的皂石雕刻绘制的，这些雕刻被认为是一种鹰——可能是短尾雕（bateleur）或者非洲鱼雕。除了现实中的鹰，世界各国有时也会使用传说中的杂交神鸟作为自己的国旗和国徽。格里芬就经常出现在欧洲各国的国旗和国徽上，印度尼西亚的国徽是神鹰伽鲁达，泰国的国徽则是半人半鹰的伽鲁达。[14]

鹰与军事之间一个明显的联系是飞行，因此，我们很自然地可以在许多空军徽章上看到鹰。[15]实际上，美国空军的徽章使用了两种鹰符号，包括秃鹰和带翅膀的太阳圆盘，后者可以追溯到古老的美索不达米亚文明。许多军事奖章和勋章都使用了雄鹰图案，一些准军事机构也是如此，例如美国童子军的最高奖励就是"雄鹰奖章"。

近代史上最著名的鹰徽可能是墨西哥、德国和美国的国徽，它们是有史以来鹰徽深刻含义的三个例证，同时也提醒着我们，这种鸟的政治含义可以是多么宽广。

出现在墨西哥国旗和国徽上的那只墨西哥鹰非常有意思，因为它实际上是两套庞大的神话体系——阿兹特克神话和欧洲神话的结合体。最早的墨西哥鹰徽见于《曼多撒手抄本》（*Codex Mendoza*），这本 16 世纪的手抄本描绘了西班牙人眼

1893—1916年的墨西哥国旗。

中的阿兹特克文明，并预示了墨西哥国旗现在的样子。阿兹特克人的鹰出现在特诺奇提特兰的故事和雄鹰战士的传说中，鹰停在仙人掌上的形象暗示了这个国家与原住民有很深的渊源。但是鹰与蛇的复杂图像却和欧洲的基督教文化同样有关。因此，国旗上的那只墨西哥鹰是一只融合了两种文化的优雅的鹰。

德国国徽上的那只鹰同样有着悠久而复杂的文化和历史。虽然纹章直到9世纪才开始出现，但是查理曼显然把鹰作为自己的众多标志之一。[16] 从那以后，鹰一直都是德国共同的标志，虽然其名气和权威性随着德国疆域的变化而时大时小。德国旗帜和纹章上出现的鹰姿态各异，有翅膀张开的单头鹰、双头鹰（通常与代表德国属下各州的盾形纹章一起出现），以及出现在旗帜、徽章等标志上的正在飞翔或者腾空而起的其他鹰图案。德国鹰——单头鹰或者双头鹰——经常以醒目的黑色形象出现，通常配以金色的背景（这一形象来自神圣罗马帝国）。鹰徽经常出现在19世纪和20世纪初普鲁士军队特有的尖顶头盔上。现在的德国是古代各公国、自治州和城邦的结合体，其中一些过去使用鹰形纹章的地区，现在不仅继续使用，而且用得比联邦政府还要明显。

19世纪中期，德国统一的呼声日益强大，被普鲁士王国长期使用的雄鹰标志和当时流行的黑、红和金三色国旗一起，成为德国统一的有力象征。

20世纪初，黑鹰作为德国民族主义的象征越来越深入人心；1921—1933年，黑鹰出现在德国的国旗上。纳粹上台之前，德国的帝国之鹰（Reichsadler）是过去神圣罗马帝国雄鹰标志的变体。纳粹的标志实际上是另外一个——党鹰（Parteiadler）。党鹰不仅象征着过去日耳曼王国的军队，这是希特勒神话的一个重要组成部分，而且还象征着基督教、北欧和新古典主义，后三者是纳粹为自己的神话传说添加的作料。[17]

世纪二三十年代
玛共和国的国徽，
50年被德意志联
共和国采用。

鹰是法西斯常见的
标志。这只鹰正凝
视着党卫军第一装
甲师在柏林的营房。
党卫军第一装甲
师是保卫元首的柏
林军。

党鹰非常符合纳粹全方位非黑即白的论调，而且与古代
的太阳结合起来，效果堪称完美。[18] 国家社会党（National
Socialist Party）[1] 经常把鹰标志和另一个象征太阳的十字符
号（swastika）一起使用。鹰的爪子通常举着一个圆盘，圆盘
里面是十字符号，预示着德意志统治的崛起。这一形象也出
现在 1935—1945 年德国政府的旗帜（State Flag）上。今天，德
国的鹰旗已经恢复为原来的帝国之鹰，并改名为联邦之鹰
（Bundesadler），其影响也小得多，只是作为一种文化符号；军队
和政府依然在使用鹰旗，但已不像 20 世纪中期那么高调。

鹰与纳粹等极权制度之间的联系很容易使人感到不安，我
们必须承认这一点。鹰旗曾是法西斯时期的意大利的重要标
志，意大利法西斯党的党徽是一只抓着束棒的鹰——束棒的一
头插着代表国家权力的斧头，这是古罗马的另外一种象征符

1 即纳粹党。

号。佛朗哥独裁统治期间，西班牙国旗上有一只非常醒目的黑色鹰，那是福音书作者圣约翰的象征。伊拉克的萨达姆·侯赛因则广泛地使用萨拉丁之鹰作为标志。必须注意的是，独裁者和法西斯分子所使用的鹰标志大部分都来源于传统文化，并不是政治压迫的代名词。然而，鹰作为一种标志，天生带有一种威胁的意味，似乎很容易就转化为暴政和压迫。虽然这方面的鹰传说令人生厌，但是知道一些与鹰的象征性有关的历史知识还是很有必要的。从中可以看出，我们对鹰的理解瞬息便可从正面转为负面，这种现象本书已经多次提到。

然而，美国秃鹰可能是当代最具象征性的一种鹰，它的历史也反映了鹰可能引发的丰富情感。美国人赋予秃鹰民主、个人自由、民族自治和军事力量等国家价值观：这些联想不仅包括爱国声明，而且在个人层面上经常深深地打动人。因此，秃

在这个美国内战时期的信封上，代表联邦军的鹰正在攻击代表联盟军的蛇。下面的口号是"捷足先登"。

鹰的形象不仅见于美国所有的官方机构，而且见于美国人身份表达的每一种可能的形式，包括文身。在所有的鸟类中，为什么单单这种鸟成了美国文化的主要标志和全世界最著名的象征符号之一，这个故事非常有意思，有时还很好玩。

秃鹰作为一种国家象征，和墨西哥的鹰徽一样，也是欧洲文化和原住民文化结合的产物。美国政府按照欧洲的传统，以鹰作为国家的象征，因此美国的鹰徽依然间接源自罗马的鹰旗，同时还带有一些 18 世纪美国新古典主义的特点（这种风尚也反映在联邦"参议院"的名字和托马斯·杰斐逊的蒙蒂塞洛庄园的新古典主义建筑风格上）。然而，从金雕到秃鹰的转变过程非常有趣：纹章上的大多数鹰均为金雕或者靴雕——鱼雕相对而言较少出现在旗帜和纹章上（赞比亚是另外一个使用鱼雕作为国旗和国徽的国度）。之所以使用秃鹰而不是金雕作为标志，部分原因可能是受到美国原住民的影响；在原住民文化中，秃鹰是约定俗成的政治和宗教象征，就像"和平树"上的那只鹰。[19]

1782 年，秃鹰成为美国的国鸟。第一个建议以鹰作为国家标志的人是律师威廉·巴顿（William Barton）。当时巴顿受委员会之托，负责设计国徽。他提出的方案是一只"小白鹰停在柱子上，作为盾形条纹纹章上方的饰章"，鹰的一只爪子抓着剑，另一只爪子抓着一面美国国旗。[20] 国会秘书查尔斯·汤姆森（Charles Thomson）在巴顿的基础上进行发挥，将这只鹰确定为秃鹰，同时把它的形状改为翅膀张开，准备起飞的模样。

在汤姆森的构思中，鹰爪里抓的东西被改成了一根有 13 片叶子的橄榄枝和 13 支箭（象征着 13 个殖民地）。他还在秃鹰

美国总统印章。

的胸部加了一个盾形纹章，嘴部加了一根飘带，上书 E Pluribus
Unum，意思是"合众为一"。他把设计图返回给巴顿后，巴顿
再对盾形纹章和秃鹰的细节做了些小的修改。直到 1782 年 6 月
20 日，这个图案才被正式采纳，整个过程用了 5 年多时间。一
开始这个图案被用作官方的印章，后来被用在一些小东西上，
例如 1789 年乔治·华盛顿参加就职典礼穿的礼服纽扣。实际上，
这个鹰徽不仅象征着新成立的美利坚合众国，而且特指华盛顿
总统。将鹰和总统联系起来的传统，从美国的总统印章和总统
旗帜上依然可见一斑。最终鹰徽进入了人们的日常生活，被印
在家具和每一种想象得出的家居用品上。[21]

　　并非每个人都喜欢这个设计。许多人注意到秃鹰有抢劫其
他鸟的食物和吃腐肉的习惯。本杰明·富兰克林在一封写给女

儿的著名信件中，便极力反对用秃鹰作为国家的标志，因为秃鹰"品行不端……就像那些靠欺诈和抢劫为生的人一样，这些人通常又穷又龌龊。此外，它还是个十足的胆小鬼"。[22] 据说富兰克林更倾向于使用野生火鸡作为标志，虽然这个说法显然站不住脚，但有意思的是，最初那些版本的小白鹰和火鸡有点儿像：瘦骨嶙峋，而且一点儿也不吓人。约翰·詹姆斯·奥杜邦（John James Audubon）也对这个选择颇有微词。"我为我的祖国选择这种鸟作为标志感到伤心。"他在 1831 年写道。[23] 实际上奥杜邦提议用另外一种鹰，一种他命名为"华盛顿鹰"（Bird of Washington）或者"华盛顿海雕"（Washington Sea Eagle；皆以华盛顿总统的名字命名）的鹰。然而奥杜邦闹了个大笑话，因为他所描述的很可能是一只头部尚未长出白羽的未成年秃鹰。这位著名的鸟类学家被秃鹰成熟过程中外表的巨大变化给蒙蔽了。然而许多人为秃鹰独特的外表所折服，纷纷支持以它作为国家的象征。到了 19 世纪末，国徽的设计日臻完善。一名蒂凡尼设计师为设计图做了润色，最后成为今天我们看到的模样："锋利的爪子、宽大的翅膀、羽毛覆盖的上肢和威武的头部——更像一只雄鹰，也更加符合世界领导者的身份。"[24]

鸟类学家 A. C. 本特（A. C. Bent）虽然直到 20 世纪还对这一标志有保留意见，但也不得不承认"它那向上腾飞的姿态，雪白的脑袋和尾巴在阳光下闪闪发光的样子，确实很鼓舞人心"，以及"那些不熟悉它的生活习惯的人，可能依然会崇拜我们的国鸟"。[25] 其他人则毫不吝啬对秃鹰的溢美之词，无论是作为一种鸟类还是作为一种象征：老布什总统的下属、鱼类和野生动物管理局局长约翰·F. 特纳（John F. Turner）就称秃鹰

ON GUARD! IT'S A PRETTY BIG JOB
FOR ONE BIRD! **JOIN THE NAVY!**
APPLY RECRUITING STATION OR NAVY LEAGUE

是"一个力量、美貌与野性兼具的完美象征"。[26]

美国人对鹰徽怀有特殊的感情,"老亚伯"(Old Abe,约1861—1881)便是一个有趣例子。秃鹰"老亚伯"是联邦军的一只吉祥物,备受威斯康星州第八志愿步兵团战士的喜爱。"老亚伯"(这只秃鹰的性别不清楚)是以一面参加战斗的活旗帜被带上战场的,而且它采取的显然是进攻姿势——翅膀张开,嘶吼着——冲向南方的敌军。关于"老亚伯"忠于联邦军有许多脍炙人口的故事,其中一个是它飞到联盟军的上空,返回时带来了一顶敌军的帽子。显然联盟军的领导试图抓获它,但是没有成功。"老亚伯"经历了所有的战役幸存下来,并光荣退休:有很多"老亚伯"的图片流传下来,其形象通常是停在大炮和国徽上,另外还有关于它的各种纪念品。后来"老亚伯"在一次意外的火灾中因吸入过多浓烟而死,许多人为此伤心不已。"老亚伯"的形象被制成美军101空中突击师的徽章,名为"呼啸之鹰"(Screaming Eagles),永远铭记在人们心中。"老亚伯"还成为美国农用设备制造商凯斯公司(Case Corporation)的标志。[27] 现在,鹰标在美国人的生活中简直无处不在,根据布鲁斯·宾斯(Bruce Beans)的说法,美国人"对此已经习惯":

> 秃鹰被印在我们的25美分和50美分硬币、钞票和邮票上,它登上了我们的房子、外门、邮箱、挡泥板、假车牌、警徽和公共建筑。它停在旗杆、风向标、廉价奖杯和纪念碑的基座上。它陪我们从摇篮走向坟墓,从我们婴儿时期的社会保障卡到我

5美元硬币一面为印第安人头像,一面为鹰。

们 65 岁领的医疗卡,从美国邮政到国内税局的所得

税申报表。[28]

美国许多州将鹰徽用于自己的州旗上,包括艾奥瓦州、伊利诺伊州、北达科他州、密歇根州、纽约州和宾夕法尼亚州,以及美属萨摩亚群岛。

传统上认为美国鹰有保护神的作用,是民主的有力捍卫者。这一象征经常和法律的执行(包括地区和全球)以及民主理想的实施联系在一起。特别值得一提的是,秃鹰是美国

科罗拉多州丹佛市拜伦·R.怀特法院内的一只木刻雄鹰。

联邦调查局成员佩戴的徽章上的主角，中央情报局的印章上也有它的形象。然而这种鸟暧昧的"品行"有时会削弱它们的保护作用，例如，联邦调查局和中央情报局偶尔会给人留下鱼肉国民的印象。1850 年，在《红字》一书的前言中，纳撒尼尔·霍桑对马萨诸塞州塞勒姆市海关大门上方的那座鹰形雕刻陷入了沉思：

> 大门上方悬挂着一只巨大的美国鹰雕像……带着这种动物特有的坏脾气，这只鹰看起来满脸不高兴，凶狠的嘴巴和眼睛以及粗暴的态度透露出她将对捣乱分子毫不客气……虽然她看起来像个泼妇，但是许多人此时却正在这只联邦之鹰的羽翼下寻求庇护；他们以为（我猜的）她的胸部像羽绒枕头一样柔软舒适。然而这只美国鹰一点儿也不温柔，即使是在心情最好的时候，而且，她迟早——经常是很早——就想摆脱雏鸟，为此她用尽了各种方法，用爪子推，用嘴巴顶，或者忍着痛用插在她胸口的那支利箭拨开。[29]

尽管如此，秃鹰依然是美国人民族自豪感的象征，并永远在美国人民的想象中占有一席之地：在 2011 年的玫瑰花车大游行（Rose Bowl Parade）[1] 中，至少有三辆象征美国式民主的巨大鹰形花车——它们全都用鲜花制成。

由于鹰与王权以及文化统治者有关，因此它们有时也是整个文明的象征：它们成了整个民族的图腾，而不仅仅属于统治

美国加利福尼亚州
萨迪纳市一年一度
新年庆祝仪式。

101

THE U.S.A.

FIRST NEGRO FIGHTER PLANE SQUADRON

PANTELLERIA

Alston
owi

"GOOD HUNTING, SON,—YOU'RE ON YOUR OWN NOW!!!"

第二次世界大战期间的一张海报，赞扬了美国空军第一支由黑人机组成员组成的战斗机中队。

者。鹰在现实中（意即不仅仅是标志）经常被定为国鸟或者国家利益的象征，例如印度尼西亚的爪哇鹰雕（Javan hawk-eagle）、墨西哥的金雕、巴拿马的哈佩雕和菲律宾的菲律宾鹰。在很多情况下，这种全国性的喜爱对鹰本身有好处，因为法律为它们提供了额外的保护。但是，鹰也因此沦为一些不道德行为的牺牲品，例如把它们当作宠物或者新奇物品销售。[30] 在许多情况下，鹰对全民族的重要性使其成为强有力的艺术象征，它们在艺术和文学方面有丰富的历史，经常出现在寓言故事中，同时也是自然界力与美的象征。

第四章

审美意义上的鹰：
艺术、文学与流行文化

关于鹰如何使人类接触到幸福的概念，阿拉斯加的因纽皮特-尤皮克人（Inupiat-Yupik，以前被称为爱斯基摩人，Eskimo）有一个精彩的故事《鹰的礼物》，讲的是因纽皮特-尤皮克人发现伙伴、艺术和欢乐的故事。故事说，在鹰送来礼物之前，人类整天愁眉苦脸，孤独而沉闷地做着乏味的工作，"无聊使他们的脑子都生锈了"。有一天，鹰把一个年轻的猎人带到鹰巢，年老的鹰妈妈教会了他唱歌和娱乐的技巧，回去后他把这些技巧传给了自己的族人："从此以后，那个地方有了欢声笑语，人们无忧无虑，从未这么快乐过。"鹰给人类带来了故事和歌曲，同时也带来了消遣、交流和喜悦。鹰给人类送歌曲的故事，从另一方面证明了它们拥有过人的智慧和高层次思维这一传说。通过歌曲和艺术，人类找到了共同的目标和生命的意义。但是这个故事还没有讲完，正当人类在庆祝时，年老的鹰妈妈再次变得年轻起来："因为人类一快乐，所有年纪大的鹰都会变得年轻。"这个故事的寓意非常明显：艺术、歌曲、文学、娱乐和伙伴使我们重新焕发青春，就跟鹰一样。[1]

鹰在艺术和文学中扮演着奇怪的角色。一方面，日常生活中经常提到鹰，因此我们不太注意到它们，尤其是如果你住在美国这样一个鹰标志随处可见的地方。另一方面，除了与爱国主义和政治评论相关的语境，其他描绘鹰的画作和文学作品数量相对稀少。但是，随着鹰成为重要的文化符号或标志的趋势越来越普遍，可能很难做到在表现这种鸟类时不带任何感情色彩。画一只鹰，就是在象征性地发表一份声明；写一只鹰，就是在写一个寓言故事。如果你真的想发表一份声明或者写一个寓言故事，那么鹰这种霸道的象征意义可能正好合适，但是对许多画家和作家来说，鹰可能就太过强势了。艺术作品中的鹰往往喧宾夺主，成为作品的主角。同样的魅力使它们成为文化标志，也使它们成为突出的诗歌主题，只有少数几首著名的诗歌是单纯为鹰这种鸟而作的：沃尔特·惠特曼的《鹰的调戏》(*The Dalliance of the Eagles*) 便是其中一首：

他们在空中急促而热情地接触，

两两锁住的爪子，生机勃勃，仿佛大力转动的车轮，

四扇拍打的翅膀，两张嘴，一个扭在一起的旋转物体，

翻腾着，转着令人眼花缭乱的圆圈，直落下来，

直到来到河流的上方，这两只，哦不，一只鹰，瞬间停在了那里，

一动不动，却依然在空中保持着平衡，接着他们松开爪子，分道扬镳，

他们缓慢而稳定地扇动翅膀，再次向上，往不同的方向飞去，

她飞她的，他飞他的，各自追求。[2]

　　诗中对鹰扭在一起时把利爪收起来，以免互相伤害的情
景描写得惊心动魄，显然带有寓言和说教的性质，虽然它引
发了我们多方面的沉思，包括爱情、性、自然以及动物与人
类之间的关系。惠特曼的自制力非凡，像阿尔弗雷德·丁尼生
的《鹰》这样，将观察者眼中的鹰与古代神话中的太阳和雷
电相结合的例子则更为常见：

　　　　他用弯曲的指爪抓紧巉岩；
　　　　他孤独地站在靠近太阳的地方，
　　　　环绕着他的是蔚蓝色的世界。

　　　　下面的海水波光粼粼，不停涌动；
　　　　他从群山之巅看了看，
　　　　然后像闪电般直落下去。[3]

鹰在艺术、文学和流行文化中的角色直接起源于无处不在的鹰标志，以及它们在民间和宗教文化中的形象，后者经常通过格言和谚语流传下来。假如回到古代，我们会发现亚里士多德、普林尼、埃利安和伊索等作家都在收集与鹰有关的介绍；对这些作家来说，任何与鸟类有关的科学理论最后都会演变成说教的格言。罗马学者埃利安的民间故事片段汇编，是一部混合了博物学和神话传说的奇怪的综合体。[4]埃利安的书是一本内容自相矛盾的大杂烩，但是在描写鹰高贵的品格方面，他却相对而言表现得前后一致。鹰是帝王和纯洁

宙斯（朱庇特）一手拿着权杖，一手托着长有翅膀的胜利女神尼姬（Nike），身旁立着一只鹰。此雕塑现藏于圣彼得堡的埃尔米塔什博物馆。

的象征："如果你把鹰的羽毛和其他鸟的羽毛放在一起，鹰的
羽毛将完好如初，一尘不染，其他鸟的羽毛则因无法忍受这
种接触而烂掉。"[5] 然而，埃利安偶尔也为人类对鹰既崇拜又
厌恶的矛盾态度所困扰，于是试图通过区分天上的神鹰和地
上的鹰来解决这一问题：

> 鹰是一种掠食性鸟类，它以任何可以抢劫到的
> 食物为食，还吃鱼……只有那种被称为"宙斯之鸟"
> 的鹰才从不碰肉：对它们来说，吃草足矣。[6]

埃利安还讲了一个感人的故事，有只宠物鹰非常忠于养
育自己的小男孩，其"不仅是男孩的玩伴，还是他最喜欢的
朋友或者弟弟"，当男孩生病而死时，这只鹰甚至冲进男孩的
火葬堆，自杀身亡。[7] 另外，埃利安还讲到埃斯库罗斯那个著
名的故事，埃斯库罗斯是公元前5世纪的诗人和剧作家，据
说他被鹰扔下来的乌龟给砸死了。一名女巫曾经告诉埃斯库

罗斯，他会因为一所房子掉在他头上而死 [另一个版本说这只鸟名叫胡兀鹫（lammergeyer），是一种秃鹫]。[8]

当然，最伟大的动物寓言家是伊索，他不太关注科学性，仅仅是出于训诫和好玩而编故事。伊索的故事许多来源于口头传说，有着古代神话的影子。例如，他的《鹰和狐狸》结

瓦茨拉夫·霍拉绘制的《鹰与乌鸦》插图，见约翰·奥格尔比（John Ogilby）出版的《伊索寓言》(The Fables of Aesop，1665）。

构上就与埃塔纳传说的第一部分非常相似，后者讲的是一只鹰和一条蛇试图在同一棵树上和平相处，但是在伊索的版本中，蛇被换成了狐狸。两个故事里鹰都杀死了好朋友的崽。在巴比伦神话中，蛇得到了太阳神的帮助，而在寓言中，狐狸虽然无法直接报仇，但是不久鹰巢着火，雏鹰掉到地上，也算替狐狸报了仇。在伊索的故事中，受害者如果无法直接惩罚对方，上天会帮其讨回公道。

在《鹰与甲虫》的寓言中，因为鹰不肯放过兔子，于是甲虫每次都把它下的蛋打烂，这个故事说明不要轻视弱者，它们也是会报复的。伊索笔下的鹰经常代表了掠食者或者高贵的人，在一些寓言里，鹰报答了曾帮助过自己的人（《被剪断翅膀的鹰与狐狸》和《农夫与鹰》就是其中两则）。[9]

伊索有关鹰的寓言中最著名的一则可能是《被箭射中的鹰》，文中的箭由鹰身上的羽毛制成。这个一再被重复的故事有着许多类似的含义：从"被人用自己的策略打败，不啻雪上加霜"[10]，到"我们总是为敌人提供毁灭我们的工具"。后世作家经常提到这个故事。例如，在《被缚的普罗米修斯》中，那个不幸的剧作家埃斯库罗斯就提到了这则他认为起源于利比亚的寓言：

> 原来利比亚寓言就说
> 有只鹰被箭射中，
> 他看着箭杆上的鹰羽，说：
> "我们败于
> 自己的羽毛，而不是他人之手。"[11]

17世纪的英国诗人埃德蒙·瓦勒（Edmund Waller）在听到一名妇女朗诵自己的作品之后，当即写了一首故作文雅的诗，诗中引用了这个典故：

那只鹰的命运和我一样，

他在射中自己的箭上

看到了自己的一根羽毛，

他曾用它飞得那么高。[12]

这位女士的演绎究竟是特别好还是特别糟糕，我们不得而知。

古代诗人经常借鉴鹰占卜的传统，以及鹰与神界之间更加普遍的联系，其中鹰与宙斯的关系更是经常被人提及。在荷马史诗《奥德赛》和《伊利亚特》中，宙斯好几次派鹰送来先兆。例如，《伊利亚特》中出现戏剧性的一幕，特洛伊人和希腊联军交战时，天上也有一只鹰正和蛇搏斗，后来鹰把蛇扔向了特洛伊人。有人认为这预示着特洛伊应该撤退，但是赫克托根本就不听劝告，下令继续向前推进。书中的最后一卷，悲伤的普里阿摩斯从飞过的鹰（"黑色的掠夺者"）身上得到暗示，自己应该去找阿喀琉斯要回儿子的尸体，他的儿子赫克托12天前就被杀死了，至今没有安葬。[13] 在《奥德赛》中，预言家哈利忒尔塞斯看到宙斯派来的两只鹰飞过，认为这对那些想夺走珀涅罗珀的求婚者来说是个不好的兆头。"奥德修斯不会离家很久的。"这名预言家警告说。[14] 史诗的结尾，奥德修斯同样化为一只鹰托梦给珀涅罗珀，梦中这只鹰从天上俯冲下来，咬死了珀涅罗珀的鹅，然后在屋顶上大声宣布：

这些鹅是你的追求者，

而我，曾经化为一只鹰，现在则是

达米亚诺·马扎 (Da-
miano Mazza),《被
掳走的伽倪墨得
斯》(*The Rape of
Ganymede*),创作
年代约为 1575 年。

伽倪墨得斯与化作
雄鹰的宙斯》,丹麦雕
塑家巴特尔·托瓦尔
森 (Bertel Thorvald-
sen) 在 1817 年创作
的一组新古典主义
大理石群像。

你归来的丈夫。[15]

古代神话的盛行意味着伽倪墨得斯和鹰这类故事在艺术和文学中有着悠久的历史。伽倪墨得斯的故事散发着浓浓的同性恋意味，是几百年来绘画、雕刻等视觉艺术形式创作的灵感来源。虽然这个故事在性描写方面经常被删减，但是一些绘画作品，例如鲁本斯创作的几幅，表达的却是人类与猛禽交配的色情主题（虽然令人有点儿不安）。当代画家继续浓墨重彩地表现这个故事的准兽性传统（记住，鹰可能是宙斯的化身）；法国摄影师皮尔和吉尔（Pierre et Gilles）的伽倪墨得斯系列则将这一理念发挥到了极致，他们拍了一个漂亮的裸体少年正在抚弄一只鹰。从赫西俄德和埃斯库罗斯的时代开始，残酷的普罗米修斯神话同样吸引了众多的作家、剧作家和视觉艺术家，他们的作品激发了浪漫主义诗人拜伦和雪莱（顺便说一句，他们把这只复仇之鸟想象成了秃鹫，而不是鹰）的创作灵感。弗兰茨·卡夫卡在他那篇只有一页的短篇故事《普罗米修斯》中，列出了这个传说的 4 种版本。[16]许多视觉艺术中的普罗米修斯神话都把鹰放在显著的位置。其中最著名的可能是鲁本斯的《被缚的普罗米修斯》，这幅画生动地表现了鹰的残忍与无情。

欧洲文学中也存在大量与古代神话无关的鹰。鹰、狼和乌鸦是斯堪的纳维亚和日耳曼文学中的"战斗动物"（beasts of battle），这意味着它们广义上经常成为死亡和毁灭的象征。这个比喻被带到盎格鲁-撒克逊时期的英国文学中，例如《马尔顿之战》（*The Battle of Maldon*）：

佛兰德斯画家彼得·保罗·鲁本斯（Peter Paul Rubens）1618年创作的油画《被缚的普罗米修斯》，描绘了普罗米修斯受刑的情景。

战斗已临近，

为荣誉而战。这个时刻已经来临。

注定死亡的人将会倒下。随后是一阵喧嚣，

乌鸦和鹰正迫不及待地准备饱餐一顿。[17]

在史诗《贝奥武夫》(*Beowulf*)中，有食腐动物之间互相传递分赃的消息："死者上方黑色的乌鸦翅膀给鹰传来了消息，鹰一看就知道他正忙着一边吃一边敷衍自己，他和狼很快就把死者瓜分完毕。"[18]在古英语抒情诗《航海者》(*The Seafarer*)中，看到被海水溅得浑身湿透的鹰，航海者本已孤独绝望的心情又增加了一分凄凉。[19]盎格鲁-撒克逊人有一段非常恶毒的咒誓，其中一句是这样的：

愿你消失在，狼的脚下，

鹰的羽下，鹰的爪下。[20]

还有一种更加肮脏的刑罚叫作"血鹰"(blood-eagle)，这可能是对 12 世纪以前斯堪的纳维亚吟游诗的曲解，真正的意思应该是类似于"在鹰的爪下"这种。对这种刑罚的描述包括在犯人的背部刻上鹰的图形，剖开犯人的背部，把肋骨一根根从脊椎上折断，以营造出一种"雄鹰展翅"的效果。一些描述更加恐怖，包括把两个肺取出来。有人说血鹰的故事本质上是一种反对维京人的宣传手段，尽管如此，这些故事却一直盛行不衰。[21]

但是，到了中世纪中期和文艺复兴时期，作家们似乎被古代神话中更加正面的鹰形象所吸引，而摒弃了北欧文化中那些残忍的食腐动物形象。鹰与宙斯之间的故事自然非常流行，并被但丁等作家写进了基督教的神学著作中。在《神曲》这部长诗中，古代的鹰传说是非常重要的典故，但丁通常把鹰和宙斯联系在一起，虽然背景是基督教的寓言/梦境。

然而在《神曲》的第二部分《炼狱》（*Purgatorio*）中，但丁梦见自己被一只金雕（真正的金色雕，而不仅仅指这一类鸟）抓走。他被带到一个"火球"（sphere of flame）前，醒来发现精神向导露西已经把他领到了炼狱的门口。[22] 在《神曲》的第三部分《天堂》中，但丁看见八名"正义统治者"的灵魂排成了 *Diligite iustitiam qui iudicatis terram* ["人间的裁判者，请你们热爱公正"；这是《所罗门之书》（*Book of Solomon*）的第一句话，众所周知，所罗门是一位既聪明又公正的统治者]这句话。八个灵魂接着把最后一个字母 m 变成了代表正义的雄鹰的形状 [多萝西·L. 塞耶斯（Dorothy L. Sayers）¹ 在她的译本的注释中画了一个有趣的图表，解释如何把这个字母变成鸟]。这只鹰随后向但丁解释何为上帝的正义，并用一只眼展示了人间六位正义统治者的光芒。这一切全部发生在宙斯的领地之内，因此但丁的鹰和宙斯的传说有关，还和鹰象征的其他许多方面——智慧、公正、敏锐、光明和力量有关。[23] 法国画家古斯塔夫·多雷（Gustave Doré）为但丁的这部作品创作了许多插画，包括《炼狱》和《天堂》中的几幅鹰插图。（他还画过路德维柯·阿里奥斯托的诗歌《疯狂的奥兰多》的主角骑在骏鹰上的情景。）

英国推理小说大师，翻译过《神曲》。

117

古斯塔夫·多雷为但丁的《地狱》(*Inferno*) 第十三章所作的插图《自杀森林中的哈耳皮埃》
(*Harpies in the Forest of Suicides*)。

在《神曲》第二部《炼狱》中，但丁在梦中被一只金雕抓去。

杰弗雷·乔叟在以自己的梦境为题材创作的诗歌《声誉之宫》（*The House of Fame*）中，对但丁的鹰表现出了浓厚的兴趣。这首诗的讲述者是一名性格腼腆的书呆子，他被一只金雕抓走，这只金雕"全身闪着金光，人类从未见过这种景象，除非天上有一颗重新用金子做成的太阳"。太阳的比喻显而易

119

瓦茨拉夫·霍拉的《丘比特和鹰》(Cupid and an Eagle)系临摹朱利奥·罗马诺(Giulio Romano,文艺复兴时期意大利画家)的作品。

见，而人类被鹰掳走的故事则说明鹰具有精神向导和天神使者的双重身份。诗中，乔叟对鹰后面这一身份抱着幽默的怀疑态度，因为他那不幸的主人公一开始被吓晕了，醒来后又努力地想摆脱鹰的控制。"圣母马利亚，"鹰厉声说，"你可真是麻烦！"[24]鹰解释说自己是宙斯派来的，不会把故事的主人公带到天上，像伽倪墨得斯一样变成星星，而是要把他带到声誉之宫去学习爱情、荣誉和俗世声望等知识。

乔叟的另外一首梦幻诗《百鸟议会》(The Parliament of Fowls)中也出现了鹰，这首诗讲的是三只雄鹰为了争夺"牵手"雌鹰的机会而展开了一场宫廷辩论。百鸟议会是"百鸟之王"传说的延伸，而后者则可以追溯到伊索以及他那些起源于亚洲的寓言故事。[25]乔叟笔下的鹰可以分为两类："皇家"之鹰（很可能指金雕），以及"下等"鹰：

人们可能发现皇家之鹰，

他锐利的目光能穿透太阳

以及学者们津津乐道的，

其他下等鹰。

在这里，皇家之鹰再次与太阳联系在一起，而且诗歌吸收了鹰能直视太阳这一观点。皇家之鹰被塑造成完美的贵族情人，"聪明而优秀，沉默而可靠"。他和其他"下等"鹰一起参加了宫廷的一场才艺展示秀，看谁的演讲最浮夸和最有骑士精神。然而，正当他们争得不相上下的时候，议会中其他的鸟类变得不耐烦了，他们开始大声地讨论起程序来。乔叟的幽默在于加入了现实中各种鸟类真正的性格特点。当有的鸟提议用决斗来解决问题时，鹰露出了他们猛禽的本性。"我们都准备好了！"这些鹰接着说道。最后，身为女性高贵典范的雌鹰要求延长自己择婿的期限，从而避免了一场流血冲突。"自然女神"同意了她的请求，将期限再延长一年——但是众鸟普遍认为，皇家之鹰将会输掉来年的那场比赛。[26]

乔叟笔下的高贵带有一丝幽默的意味，一方面源于他使用了让鸟说话的拟人手法，另一方面可能源于他对高贵之鹰的讽刺——特别是由一只猛禽和食腐动物担任贵族阶层的代表。有人猜测皇家之鹰暗指 1382 年向波希米亚的安妮求婚的理查二世。[27] 某种程度上说，乔叟是《布偶总动员》（The Muppets）里山姆鹰这类拟人化角色的鼻祖，山姆兼有虚构的和鹰本身的特点，是一个生动而有趣的喜剧形象。

莎士比亚善于利用古老的鹰传说和民间故事，以及与这些故事有关的隐喻。在《尤利乌斯·恺撒》和《辛白林》这些以古罗马或者古罗马时代的不列颠为背景的剧作中，罗马神话中的朱庇特之鹰、罗马帝国的雄鹰和以鸟占卜的古老理论形成了一条完整的文化链。在《尤利乌斯·恺撒》中，卡西乌斯将鹰飞离军营视为不好的兆头。他担心尊贵的保护神鹰一走，"取而代之的将是渡鸦、乌鸦和黑鸢，在我们的头顶盘旋，向下看着我们，好像我们是将死的猎物"（v. i. 79—86）。在《辛白林》中，朱庇特带着鹰亲自现身，而剧中其他地方也经常提到朱庇特之鹰。鹰在莎士比亚的作品中经常是英国王室和纹章的标志，这一象征意义源自古老的传说。在《亨利五世》中，莎士比亚把一个古老的民间故事改写成了政治讽喻剧，伊利主教警告国王亨利五世说：

　　　　因为英格兰这只鹰已经成为别人的目标，
　　　　狡猾的苏格兰人正在悄悄靠近
　　　　她那毫无防备的巢穴，并贪婪地吮吸着她高贵
　　的鹰卵……（I. ii. 166—171）

　　莎士比亚的作品中同样存在其他古代民间传说的主题，譬如他多次提到，这种鸟具有众所周知的直视太阳的能力。《亨利五世》的第三幕，未来的理查三世向哥哥发出挑战，要他证明自己道德上有权继承父亲的爵位并最终继承整个王国："不，如果你是那只高贵的鹰的后代，请你的眼睛直视太阳，以显示你具有高贵的血统。"（I.ii. 91—92）莎士比亚在其他地

方提到的鹰，可能来自民间传说或简单的观察，例如在《科里奥兰纳斯》（*Coriolanus*）中，他就把嚣张的罗马市民比喻为一群不停找元老之鹰麻烦的乌鸦。

埃德蒙·斯宾塞（Edmund Spenser）和莎士比亚一样，喜欢使用那些脍炙人口的鹰故事，尤其是鹰像凤凰一样，只需潜入水中，再飞起来，便可获得新生的故事。斯宾塞的《仙后》（*Faerie Queene*）描写一群基督徒为了证明这个故事暗示了洗礼，不惜搬出《圣经·诗篇》中的第 103 篇："我的心啊，你要称颂耶和华，不可忘记他的一切恩惠……他用美物，使你所愿的得以知足，以至你如鹰返老还童。"在这部传奇的史诗中，代表英国人民的主人公红十字骑士因为受洗而获得重

英国画家弗朗西斯·巴洛（Francis Barlow）设计、瓦拉夫·霍拉雕刻鸟类插画，展示鹰为百鸟之王的形象。

生，最后打败了毒龙。红十字骑士的妻子乌娜（Una）则目睹了他是如何"突然变得勇敢起来"的：

> 他全身湿透地飞出井口；
> 就像一只从海里获得新生的鹰，
> 他把灰白的毛羽留在了那里，
> 重新用艳丽的羽毛修饰自己，
> ……
> 骑士已获新生，一场新的激战即将来临。[28]

后来的文学作品充满了具有各种象征意义的鹰。约翰·多恩（John Donne）在《封圣》（*The Canonization*）一诗中使用了炼金术的术语"鹰"，显然象征着金属正在转化，恋人之间的神圣契合正在构建过程中："我们在自己身上找到鹰和鸽子。"

鹰和鸽子是宇宙间另一对互相对立的物质，就像鹰和蛇一样，它们的形象不断地出现在新的文学作品中。雪莱在长诗《伊斯兰的起义》（*The Revolt of Islam*）的开头，就再次提到了古老的鹰蛇之争的故事。这是一个与《伊利亚特》相似的场景，空中出现了一只正和蛇搏斗的鹰。关于这一场景的寓意至今没有定论，但是其震撼性则毋庸置疑：

> 一束光照射在他的翅膀上，
> 那里的每一根羽毛都发着金光——
> 羽毛和鳞片密不可分地交织在一起。[29]

825年出版的拜伦
勋爵的《恰尔德·哈
洛德游记》（Childe
Harold's Pilgrimage）
卷首插图。

CHILDE HAROLD'S
Pilgrimage.

J. H. Jones fecit.

Canto 1.   Stanza 39.

IN 4 CANTOS,
*
LONDON.
Printed & Published by W. Dugdale, Russell Court, Drury Lane.
1825.

虽然蛇输了，但是鹰也已"筋疲力尽"，他的胜利并没有人们预料的那么辉煌。诗歌的上一段则清楚地表明这两个对手之间的界限非常模糊，似乎在暗示善与恶密不可分地交织在一起。有人认为鹰同时象征着雪莱的诗人朋友拜伦勋爵，拜伦也写了一首与普罗米修斯有关的长诗，虽然诗中出现的动物是秃鹫而不是鹰。拜伦非常喜欢动物，还在自己的动物园里养了一只宠物鹰。

威廉·布莱克的作品在不同的背景下提到了鹰。在诗歌《天堂与地狱的婚姻》（*The Marriage of Heaven and Hell*）中"地狱的箴言"部分，他提到了鹰："鹰绝对不会浪费时间屈尊向乌鸦学习。"[30] 在这首诗的"难忘的幻想"部分，布莱克在讲述一个与印刷书籍有关的寓言时，又提到了鹰（布莱克认为书籍类似于精神对象）。他把象征蚀刻版画（蚀刻的过程会用羽毛"搅拌酸性液体"）的"第三洞穴"称为鹰的国度："第三个洞里有一只鹰，双翅和羽毛均由空气构成；他把洞穴的内部无限扩大；四周是无数像鹰一样的人，正在巨大的悬崖上建造宫殿。"[31] 布莱克的想象力丰富而深刻，然而鹰却经常以圣人的形象出现在其中："当你看鹰时，你就在看天才的一部分；抬起头来！"[32] 在布莱克看来，"天才"是古代诗人留在人世间的活生生的不死灵魂，因此，在这个背景下鹰就是艺术、精神和生命力的象征。布莱克的《瑟尔之书》（*The Book of Thel*）一开始便写道："鹰知道坑里是什么吗？"意思是鹰其实只知道天上的事情（下一句暗示鹰应该问鼹鼠地下的情况）。[33] 有趣的是，这里似乎也有美索不达米亚的埃塔纳神话的影子，埃塔纳的故事讲的是鹰吃了幼蛇后掉进了坑里，虽然我们不清楚布莱克是否听说过这个传说。

对于与神鹰有关的古代传说，作家们的理解各不相同。T. S. 艾略特就对基督教把鹰作为重要象征有自己的看法。他那篇恢宏的戏剧诗《岩石》(*The Rock*)中的鹰可能就是直指天鹰座，但是它的含义异常深邃，涵盖了古代神灵与鹰之间的广泛联系：

> 鹰一飞冲天，
>
> 猎人带着狗，追赶他的轨迹。[34]

但是另一方面，丁尼生在《悼念集》中却反驳了鹰是神的代表的观念。丁尼生的内心在与基督教的信仰做斗争，他说自己"发现世上没有上帝，太阳上也没有；鹰的翅膀上没有，昆虫的眼睛里也没有"。[35]

立文纳圣维塔利教
堂的镶嵌画，描绘了
圣约翰的象征——
鹰，创作时间约为
546—548年。

中国陕西省的仰韶
文化遗址（公元前
5000 — 前 3000 年）
出土的鸷鸟形灰陶
瓦罐，高 36 厘米。

　　在当代小说中，鹰在以古代传说为题材的奇幻作品中
出现的频率相当高。例如，托尔金在《霍比特人》中所塑造
的鹰，其原型即来自中世纪和中世纪以前的文化；这些鹰体
型硕大，并且以智慧和高尚著称。在《指环王》中，巨鹰
偶尔以来自山中的隐秘英雄的形象出现。前文已经提到，J.
K. 罗琳用巴克比克的形象使骏鹰的传说再次流行起来，巴
克比克是哈利·波特最喜欢的坐骑。她还使用鹰作为拉文克
劳学院的饰章，让人想起过去真正的家族纹章上的鹰。罗马
帝国的历史，尤其是它对不列颠的影响，成为文学作品中
鹰标志的起源：杰克·怀特（Jack Whyte）的系列小说《鹰之
梦》（*Dream of Eagles*）就是一个例子；另外一个例子是罗斯玛
丽·萨克利夫（Rosemary Sutcliff）的小说《第九军团之鹰》（*The*

Eagle of the Ninth），这部小说最近被拍成了电影《失落的第九军团》，影片讲的是一支队伍前往不列颠寻找 20 年前罗马军团遗失的鹰徽的故事。

鹰往往被人们武断地认为具有象征意义，因此，它们经常在艺术作品中起着讽喻的作用，尤其是在政治评论中。达芬奇的《狼与鹰的寓言》（*Allegory of the Wolf and the Eagle*）就是一个很好的例子，这幅相当奇特的红色粉笔画描绘了一只坐在船上的狼，和一只停在球上的鹰，球体发出的光芒照射着狼。

达芬奇这幅画所要表达的确切寓意仍有争议，但是鹰的帝王身份则显而易见。[36] 我们经常可以在国王和皇帝等重要人物的画像中看到鹰，它们通常出现在所绘人物的衣服、铠甲、饰章以及周围的装饰性细节上。欧洲中世纪和文艺复兴时期的圣约翰雕刻和画像上也经常出现鹰，提醒我们这种鸟在基督教中具有崇高的地位。还有一种艺术作品起源于文艺复兴时期对自动化装置的兴趣，这种作品不太常见，却与鹰有关，因为实际上这些装置是模拟鹰的形状建造的。据说天文学家雷乔蒙塔努斯（Regiomontanus）发明了一只会飞的机械鹰，有记载说这只鹰曾飞去迎接马克西米利安皇帝（Emperor Maximilian）。[37]

鹰也经常出现在亚洲的艺术作品中。中国和日本有许多描绘鹰的非常出色的帛画和水彩画，猛禽是屏风画常见的题材。[38] 最近，齐白石（1864—1957）的一幅画在拍卖会上拍出了 6 550 万美元的惊人价格。日本画家佐伯岸岱（1782—1865）有一幅鹰与猴子的画非常引人注目，这幅画现在被大英博物

佐伯岸岱的《鹰与猴》挂轴描绘了一只鹰停在岩石上，正虎视眈眈地看着躲在下面石缝中的猴子。

这幅挂轴画的是一只鹰正盯着雪地上的猎物。

馆收藏。这幅画绘于江户时期（1603—1868），当时猛禽是上流社会的主顾们非常喜欢的题材，因为他们认为，猛禽是反映自己社会地位的最好方式。[39] 中国和日本都把鹰看成一种英勇的动物，就跟马和狮子一样，在 20 世纪初正处于革命年代的中国，鹰被高奇峰（1889—1933）等画家用于政治上的讽喻。[40] 但是，有趣的是，16 世纪的日本画家狩野雅乐助也把鹰视为禅意的象征。"它看起来像是鸟中之佛。"他在一封信中这样写道。[41] 亚洲艺术同样把鹰与成熟睿智的主题联系在一起。从伊藤若冲（1716—1800）的《雪鹫图》（*Eagle in the Snow*）可以看出，大冠鹫赋予了这位 80 多岁、已届耄耋之年的日本画家独特而苍老的视角。[42]

融合了旧大陆神话、本土传说和爱国主义的鹰在美洲文化中自有其独特的象征意义。前文已经说过，美国大陆有两种鹰科动物——秃鹰和金雕。在这两种鹰里，秃鹰由于头部雪白，同时也是国家象征，对作家和画家的吸引力似乎更大，尤其是在它们经常出没的沿海地区。美国文学作品中的鹰经常与自然界的威严以及个人在其中所处的位置等抽象概念有关。鹰作为自由的象征，一共有几层含义：这种鸟在自然界的自由，美国人的政治自由，以及个人的人身自由。

美国作家经常借用这只国鸟来讨论政治。20 世纪 60 年代，E. B. 怀特写了一篇题为《被弃之国》（*The Deserted Nation*）的文章，抗议破坏环境的行为：

> 化学家和农民在危险中兴旺发达；
> 拜他们所赐，自由之鸟已经无法繁育后代。[43]

20 世纪中期的作家在他们的反抗诗中也使用了这个象征符号，他们经常把鹰拟人化，以达到批判政府政策和社会观念的目的。劳伦斯·弗林盖蒂 20 世纪中期写了首说唱风格的抗议诗《我在等待》，其中有一段是："我在等待 / 美国之鹰 / 真正张开翅膀 / 勇往直前。"[44]"鹰抵抗策略"一个比较黑暗的例子是艾伦·摩尔（Alan Moore）和比尔·显克微支（Bill Sienkiewicz）共同创作的漫画书《影子游戏：秘密团队》（*Shadowplay：The Secret Team*），这本书和另一本名为《导火索》（*Flashpoint*）的漫画书一起，构成了上下两册的《曝光：毒品走私、军火交易和秘密行动三十年》（*Brought to Light：Thirty Years of Drug Smuggling，Arms Deals，and Covert Action*）系列。在《影子游戏》中，一只形状像真人、酗酒且心怀怨恨的美国秃鹰泄露了中央情报局腐败的秘密。结果并不好笑，

美国总统伍德罗·威尔逊正坐在他那由"抗议"信搭建而成、上面写着"坚定的外交政策"的巢穴上。威廉·詹宁斯·布莱恩（William Jennings Bryan）正化身为鸽子，离开威尔逊的内阁，以逃避即将到来的大片乌云，乌云上写着"可能的麻烦"。

反而令人极为不安，因为他揭露了越南战争中数千人伤亡、伊朗门事件以及美国政府与智利和巴拿马之间的勾当等全部秘密。

这类自然存在的鹰与暴力、腐败的人类现实之间的对比，常常被用来暗示应该在精神或者道德层面对人类和美国国鸟做更多的对比。埃莉诺·怀利（Elinor Wylie）在《鹰与鼹鼠》一诗中，鼓励读者们：

> 避开臭烘烘的牛群，
> 躲开脏兮兮的羊群，
> 要向那坚忍的鹰一样，
> 生活在岩石之上。[45]

在诗人卡尔·桑德堡（Carl Sandburg）看来，鹰是证明自己与祖国以及整个世界联系的一种个人象征：

> 我心里住着一只鹰和一只反舌鸟……梦里鹰飞到落基山脉，在悬崖峭壁间争夺我想要的东西……反舌鸟则赶在清晨的露水消失之前柔声歌唱，它在查塔努加（Chattanooga）的灌木丛中唱出了我的希望，在蓝色的奥扎克（Ozark）丘陵上唱出了我的心愿——我从荒野中得到了这只鹰和反舌鸟。[46]

这些把鹰视为个人主义象征的文字，不无讽刺地与那种把它们视为整体美国人象征的用法形成了对立。

鹰在美国艺术和文学中的形象，有些来源于原住民艺术家创作的图像和符号。在原住民的艺术中，鹰通常以高度程式化的手法表现，以显示它们在宇宙中的作用。原住民聚居社区的鹰画像，例如长屋大门上的鹰图形，既显示了这种鸟的精神作用，又描绘了它们的图腾功能。太平洋沿岸的西北部原住民以"线条艺术"而著名，这是一种高度抽象化的表现手法，其特点是把所有的空间都用上，不论这个空间是一块帆布、一个箱子、一根图腾柱，还是建筑物正面的外墙。现代的图腾柱也在继续使用包括鹰在内的这些古老符号，而一些活跃的原住民艺术家则把这些主题扩展到了传统媒体和新媒体上。在原住民文学中，精神传统与当代诗歌的风格互相融合，马斯科吉（Muscogee）的克里（Creek）诗人乔伊·哈乔（Joy Harjo）的《鹰之歌》就是一例。生和死都是幸事，乔伊写道，因为它们是生命

> 轮回的真正轨迹，
> 就像清晨的鹰使我们的内心
> 变得圆满。[47]

这类精彩的描写反映了原住民社区不断发展的精神传统，同时也打造了本土和非本土文化之间的联系。

随着 20 世纪环境保护论的兴起，许多艺术家用绘画、雕塑和电影表现自然之美，以及其所面临的种种威胁。在真实反映动物的"自然艺术"中，鹰经常起着重要的作用。现代自然艺术中的鹰大多具有积极的象征意义，并与一种越来越

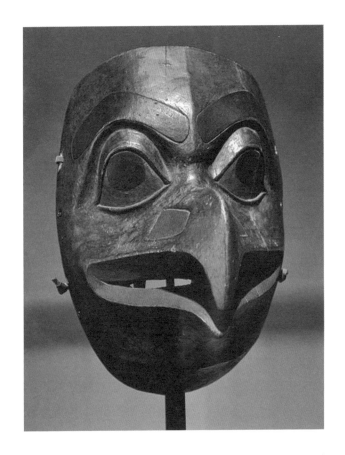

强的环境保护意识联系在一起：鹰（通常为秃鹰）是美丽、
强大而自由的自然界的抽象表现。罗伯特·贝特曼（Robert
Bateman）是这类艺术家中最著名的一位，他笔下的鹰异常逼
真，同时又非常感人。虽然这些作品本身取材于鸟类，没有
任何政治含义，但它们却经常具有一股含蓄的情感的力量，
似乎在说：我们必须努力为鹰保留一片生存空间，使它们能
够无忧无虑地生活下去。

在美国，作为国家象征的秃鹰，已经迅速地蔓延到了

包括球队在内的各个领域。在美国，鹰形象识别度最高的球队是橄榄球联盟的费城鹰队（Philadelphia Eagles）。还有几支美国和加拿大的冰球队（例如名字非常生动的布兰顿角啸鹰队，Cape Breton Screaming Eagles），以及几十所高校的运动队也使用鹰作为标志。事实上，"鹰"是美国高校运动队最常用的名字，例如波士顿学院鹰队（Boston College Eagles）、加利福尼亚州立大学洛杉矶分校金雕队（California State University Los Angeles Golden Eagles）和埃默里大学鹰队（Emory University Eagles）。英式足球方面，全世界都可以找到以"鹰"命名的球队，例如马里雄鹰（Mali's Les Aigles）和塞尔维亚白鹰（Serbia's White Eagles）。有些澳式足球（Australian Rules football）[1]的俱乐部以鹰命名，例如国家级球队"西岸大雕队"（the West Coast Eagles），一些英式橄榄球俱乐部也是如此。

费城鹰队的官方吉祥物斯鹜普（Swoop）

美国人用鹰作为体育标志的做法，与秃鹰在文化和政治上越来越广泛的象征意义有关。1984 年洛杉矶夏季奥运会的吉祥物是一只卡通秃鹰：它被命名为"山姆"，因为美国人绰号"山姆大叔"。对美国秃鹰的这一"爱国"用法催生了一个可称为"鹰式矫情"的重要产业，即用这种鸟来象征肤浅的爱国情怀。海报、T恤、咖啡杯、小雕像以及各式各样可以买到的便宜货上，都印着一只秃鹰，以及"自由""不屈不挠""荣誉"等口号，并将美国国旗通常作为背景。正是这类物品使美国诗人罗伯特·弗朗西斯（Robert Francis）在 20 世纪 70 年代大声提出抗议，认为真正高贵的秃鹰不应被如此廉价地利用。"美国秃鹰不知道他是 / 美国之鹰，"他写道，"如果我们尊敬他 / 我们就是在尊敬一只 / 毫不掩饰地 / 俯视我们的

1 一种起源于澳大利亚本土的橄榄球运动，其规则有别于英式橄榄球。

136

鸟儿。"[48] 艺术家贝蒂娜·哈比（Bettina Hubby）在她的装置艺术《伊格尔罗克的岩石和鹰商店》（2012）中，以玩笑的态度看待鹰用品的过度泛滥，伊格尔罗克的岩石和鹰商店是洛杉矶伊格尔罗克地区的一家临时商店，该商店致力于收集和销售任何与岩石或鹰有关的物品（包括许多同时属于这两类的物品）。[49]

　　现代美国历史上其他提到鹰的地方都跟军事有关。这从第一个登月舱被命名为"鹰"号，以及尼尔·阿姆斯特朗（Neil Armstrong）那句"'鹰'已着陆"——这句本身已成为标志性的话中可见一斑。"阿波罗11号"的任务徽章是一只秃鹰抓着一束橄榄枝降落在月球表面，徽章的背景是地球。鹰在美国流行文化中的其他用法则不是那么恭敬。在《布偶总

"阿波罗11号"的官方任务徽章。"阿波罗11号"为人类首个登月任务，1969年7月20日，尼尔·阿姆斯特朗和巴兹·奥尔德林（Buzz Aldrin）成为首次登上月球的人。

动员》中，鹰山姆古板的爱国主义和对音乐的庸俗品位产生了极佳的喜剧效果。山姆是对美国人傲慢的爱国主义的讽刺。他并不可怕，而是一个有点儿自认为高尚的中产阶级精英。

与鹰有关的最知名流行音乐团体当属 1971 年在加利福尼亚成立的摇滚乐队"老鹰乐队"。这支乐队的名字来源有点儿模糊不清，似乎是受到美国原住民的影响，还有这种鸟与美国之间千丝万缕的关系，才使他们选择了这个他们认为最能代表自己气质和风格的形象。总之，很难全面地概括鹰的文化形象，但是正如本书一再提到的，正负两方面的形象一直密不可分地存在于这种鸟身上。

另一个阿拉斯加的故事也许预示了这些对立关系融合的方式。这个故事发生在本章开始时讲的那个鹰送来快乐的故事之后。接下来的故事讲的是鹰鼓励年轻的猎人进行庆祝。但是这一次却出了乱子：一名圣灵使者意外被杀，赔偿的事情没有谈妥。宴会毁了，舞场也一片混乱。圣灵使者的同伙齐力殴打那个失手杀人的凶手。这是第一次不和。"欢庆和争斗总是相辅相成，"讲故事的阿纳桑加（Arnasungak）解释说，"这是无法避免的。庆祝和快乐使我们变得兴奋，而狂欢和鲁莽的行为之间只相差一步。"在这个故事中，鹰带来的礼物——艺术、欢乐和伙伴——同时也包含了完全相反的性质：龃龉、侵犯和暴力。这是对这种美丽而可怕的鸟类直观而巧妙的认识。然而我们却总是被这些自相矛盾的地方所吸引，因为，正如阿纳桑加所说："谁愿意拿欢乐的庆典换鹰送礼物前那种难以忍受的单调乏味的生活呢？"[50]

第五章

地球上的鹰

人类与鹰之间的互动似乎大部分取决于文化，许多文化和神话传说都赋予鹰深邃的含义。跟一神论的文化相比，这些文化（通常为本土文化）与真实的鹰之间有一种截然不同的关系，它们不太像重视自己的精神世界一样重视自然界。人-鹰关系的另外一个变量是经济和生活方式。农民和城市开发者优先考虑的问题不同，而且工业社会与传统的生存模式相比，需要的基础设施也不同。

　　在那些鹰起精神作用的文化中，真实的鹰经常受到人们的尊重。这并不一定意味着它们不会被杀害：澳大利亚和美洲原住民的许多宗教或文化仪式都需要用鹰献祭，然而这种杀戮是神圣的，不是出于威胁或者厌恶。北美洲的一些原住民部落会猎杀鹰，将它们的羽毛或者其他部位用于宗教仪式。虽然过去有大量的鹰被杀，但是在机枪使用之前，捕捉鹰是一项艰难而需要技巧的任务，这自然限制了捕杀的数量。"陷阱捕猎"是常用的方法，先挖一个洞，人躲在里面，洞口覆上树枝或者青草，再放上诱饵。接着捕猎者必须一动不动地躺在洞里，有时需要待上几个小时，直到鹰来吃诱饵，这时捕猎者会从树枝中间伸出手去，把鹰抓住。接着他会把鹰闷死或者掐死。对付一只受惊的鹰需要很大的力气和胆量，而且这种捕猎行为已经高度仪式化。[1]一些印第安部落，例如霍

Pueblo Indian Eagle Dance, New Mexico

66595
G 44

这张明信片显示了
新墨西哥州的普
韦布洛印第安人
（Pueblo Indian） 表
演鹰舞的情形。

皮人（Hopi），喜欢将雏鸟抓来，养大后再宰杀它们，但这同样是一种高度仪式化的行为。一般来说，以鹰献祭和以战场上杀死的敌人献祭的仪式非常相似，鹰的生命被认为和战士的生命一样神圣。[2]

　　过去，原住民部落喜欢将鹰身上的部件用于各种仪式和传统服饰，现在他们依然这么做。当代公众的心目中最为著名的，当属平原印第安人的羽毛头饰，这种头饰由未成年金雕身上的黑白羽毛制成。[3]1940 年《秃鹰和金雕保护法》（Bald and Golden Eagle Protection Act）通过后，逐渐形成了向提出申请的美国原住民分发鹰的身体部位（取自马路上被车撞死、自然死亡等非猎杀而死的鹰）的制度。尽管如此，把鹰的身体部位用于宗教仪式却成了美国原住民部落和美国政府之间

最有争议的问题之一。20世纪晚期，发生了一系列美国原住民为谋利而猎杀和出售鹰的案件，导致原住民对政府的鹰保护法产生了强烈的抵触情绪。鹰保护政策同样限制了原住民部落对祖先传下来的土地的使用。"鹰很宝贵，"阿拉斯加东南部的一名特里吉特议员告诉调查人员，"但是人更宝贵。"[4]时至今日，原住民对鹰保护政策的态度依然很矛盾。虽然许多原住民认为杀死鹰是禁忌，但是其他人则认为捕杀鹰是自己精神生活和文化特征的一部分；虽然他们原则上同意对鹰进行保护，但是却不一定欣赏政府的强制介入。

在其他地方，欧洲的殖民主义同样对人与鹰之间的关系产生了直接影响。虽然鹰在非洲宗教中并不起主要作用，但是非洲原住民与鹰之间显然有着非常平衡的关系。莱斯利·布朗（Leslie Brown）说非洲的传统知识包括了优秀的"野外博物学家"。他认为，这些知识已经毁于欧洲人的影响："毁于他们的现代教育……这些古老的野外知识大部分消失了，说起

和拿大西北太平
洋沿岸的努特卡
（Nootka）印第安人
仪式上使用的鹰面
具，两只翅膀可以
活动。

美国内兹帕斯国
家公园（Nez Perce
National Park）内
的印第安羽毛头饰
（后面拖有长尾）。

来让人难过，任何带钩嘴和利爪的东西都可能成为仇恨的对象。"[5] 澳大利亚原住民对待鹰的传统态度大部分也是友好的，虽然他们在仪式上使用鹰的羽毛等身体部位，但是并没有大量地捕杀鹰。原住民猎人会用放火的方法吸引楔尾雕（烟雾能引来鹰，因为它们可以伺机抓住逃离火场的猎物），等楔尾雕靠近时用回旋镖或者飞镖射杀它们。[6]

近世欧洲的驯鹰术有使用某些种类的鹰——主要是金雕——的情况，虽然由于社会的阶级禁忌以及鹰的庞大体型，这种情况很少发生。根据朱丽安娜·伯纳（Juliana Berner）的《圣奥尔本斯书》（*Boke of St Albans*，一本讲述驯鹰和狩猎的 15 世纪时的专著），只有皇帝和最尊贵的国王才允许用鹰狩猎。但是，这些规则似乎不太可能被严格遵守：它们反映的可能是驯鹰术的理想而非现实。不管你的地位如何，要对付这样一种可怕的鸟类，你都必须先成为一名优秀的养鹰人；如果鹰确实为皇帝所用，那么皇帝很可能会指定专门的人负责它们的训练和飞行。

　　中亚的吉尔吉斯人和哈萨克人是依然在马背上用金雕捕猎的民族。他们用金雕猎杀狼、狐狸和小动物，以之为食并取其毛皮。吉尔吉斯和哈萨克是少数几个以准驯鹰为国民经济支柱的国家之二（也许只有两个）。现在这些驯鹰人纷纷操起了副业，为那些前来观看鹰飞行的游客服务。金雕捕狼的过程已经被拍成视频，网上的视频显示了这些鸟儿惊人的力量和决心，一只鹰就能够捕杀一头成年狼。当然，捕狼的过程充满了危险。也有镜头显示狼群把猎鹰抓住，像撕咬布偶猫一样把它们甩来甩去。令人惊奇的是，有些鹰在这种情况下依然能够成功捕到狼，虽然画面中似乎双方都受了致命伤。对于大部分驯鹰人来说，捕狼更像是一种新奇事物，而非司空见惯的狩猎行为。驯鹰人一般会把猎鹰养十年左右，然后

哈萨克斯坦的驯鹰人，图片来源于T. E. 戈登（T. E. Gordon）的《世界屋脊》（*Roof of the World*，1876）。

把它们放归大自然，好让它们繁殖后代。[7]

鹰不像其他鸟类那么听话，虽然也有鹰被驯服的例子。诚然，美国鸟类学家 A. C. 本特说秃鹰"可以成为温顺而忠诚的宠物"，但是需要"为它们提供数量大得惊人的食物"。[8]有个发生在 20 世纪 40 年代西伯利亚战俘营的人与鹰互动的感人（虽然未经核实）故事，讲的是一个犹太战俘驯养了一只鹰作为宠物，但是后来却不得不放了它，因为那年冬天饥荒横行，食物匮乏，鹰和战俘都无法吃饱。这只鹰飞走了，但是又飞了回来——而且是一再回来——为这名战俘和他的战友们带来了野兔等动物，这些战俘的生命因此得以又延续了两年。[9]

鹰有时会沦为人类的食物，虽然在欧洲这种事情主要发生在中世纪，当时的人普遍杂食，吃许多现在看来不能吃的东西。[10]现在亚洲的菜单上有时会出现鹰肉，但是并不常见。我们已经知道，《旧约》禁止吃鹰，其他宗教也可能同样认为吃食腐动物的想法令人不快。再说，鹰身上也没有多少肉。人们常说，剥去羽毛之后，这种鸟身上就没剩什么东西了。

总的来说，西方文化认为这种鸟没什么"用途"。自从沦为殖民地，北美、非洲和澳大利亚的鹰就被视为害鸟并遭到捕杀，有些种类甚至到了灭绝的边缘。大规模的畜牧业把任何猛禽都视为经济的威胁，因此常常故意捕杀鹰。20 世纪初，美国和澳大利亚等国在政府的资助下开始大规模灭鹰，每杀死一只鹰都可以向政府领取奖金。每年被杀的鹰数量惊人，达到几千只。1917—1954 年，阿拉斯加共支付了 128 000 美元的捕鹰奖励金。1936年，一个加利福尼亚的大农场主获得了700美元的奖励——这在当时是一笔不小的数目。在澳大利亚，单单昆士兰州和西澳大利亚州于20世纪中期捕杀的楔尾雕，每年就有大约13 000只。[11]

对于过去的许多人来说，射杀鹰是一项体育运动、公民义务和娱乐消遣，著名的鸟类学家约翰·詹姆斯·奥杜邦对杀鹰和吃鹰的态度也满不在乎。他曾描绘自己1832年在佛罗里达圣约翰河边一次为期两天的打猎，那次打死了几只雏鹰。奥杜邦说，年幼的秃鹰肉"很好吃，像小牛肉一样鲜嫩无比"。[12] 在20世纪初，秃鹰最常见的结局就是被射杀。美国西部各州甚至有坐飞机或者直升机打鹰的报道。[13]

鹰掠夺禽畜的臭名声源于一代代流传下来的传说，但是

一只成年角雕正在
阿密动物园进食。

147

农民和农场主完全不经过调查就信以为真，其实鹰完全是冤枉的，因为它们很少攻击羊羔、猪群和鸡群。

在没有秃鹫处理动物尸体的澳大利亚大陆，楔尾雕是生态系统中举足轻重的角色，然而它们却遭到一些农场主的残忍杀害。[14]20 世纪中期，成排的死鹰被农场主挂在栅栏上，以显示他们在驱除这种生物时的战绩。但是，鹰对牲口的影响并没有许多人想象的那么大，即使它们真的吃了羊，所吃的也往往是那些老弱病残的羊。[15]小羊被吃的概率总体上比人们预计的要小得多：苏格兰不到羊羔总数的 3%，北美的数字和这差不多，虽然澳大利亚可能会高一点儿。[16]在斯堪的纳维亚半岛人工饲养的驯鹿中，死于鹰的幼鹿比例与此相似或者更低，虽然这个数字同样被牧民高估了。[17]牧民高估了死于鹰之手的牲畜数量，很可能是因为他们经常看到鹰在吃因其他原因而死亡的牲畜尸体。鹰就这样机缘巧合地成了罪犯。

人类的猎杀使鹰的数量急剧减少，而人类有意无意的毒杀同样具有毁灭性的后果。牧民和农场主毒杀和射杀鹰的理由相同，担心它们会导致牲畜数量减少。牧民有时把有毒的动物尸体作为诱饵。偶尔会有鹰上当，但如果毒死的是一只草原狼（coyote），那鹰受到的就是间接伤害。无差别性毒杀的后果可能是毁灭性的，受到伤害的并非只有鹰和草原狼，还包括西部各州的草原犬鼠（prairie dogs）、地鼠（ground squirrels）、雪貂（ferrets）、红狼（red wolves）和加州兀鹫（California condor）。毒效并不会随着一只动物的死亡而停止，它们会造成美国野生动物官员所说的"连环死亡"。20 世纪 90 年代初，美国联邦政府估计每年有 2 000～3 000 只秃鹰和金雕

被杀,"范围从得克萨斯州到达科他州,死因为各种非法或限制性毒药"。一名官员说,他们"发现毒药的剂量多得足以杀死密西西比河以西的所有猛禽、男人、女人和小孩"。[18] 直接或间接地毒杀鹰是全球面临的严重问题,许多国家已经将下毒列为非法,但是仍有人这么做。

反鹰人士有时会称鹰对人类有害,但是据大多数观察鹰的人说,这种鸟在人前其实相当害羞,为了避免与人相遇,它们甚至会弃巢而去,连卵和幼鸟都不要了。尽管如此,人们在处理这些大型鸟类时还是有常识的。一般说来,如果你尊重鹰的领地,那么它不会对你感兴趣。然而鹰抓人,尤其是抓婴儿的故事在许多国家非常流行,有些是具有文化意义的民间传说,但有些据说是真的。本特猜测,鹰"在极端饥饿的情况下,可能会把放在户外无人看管的婴儿抓走",但他接着说"这种事情肯定非常罕见"。[19] 事实上,那些由孩子口中说出来的鹰攻击小孩的故事可能都得打个问号——因为孩子可能只是被一只飞得很低的鹰给吓坏了,而鹰根本不可能吃他。19 世纪时这类故事非常多,它们逐渐变成常见的传说,以及《鹰巢》(The Eagle's Nest)等耸人听闻的故事,出现在儿童读物上。[20] 托马斯·爱迪生曾拍过一个电影,讲一个婴儿被鹰掳走的故事。D. W. 格里菲斯(D. W. Griffith)在导演《一个国家的诞生》等影片之前,曾在电影《虎口余生》(Rescued from an Eagle's Nest)中饰演一名孩子被鹰叼走的伐木工。

人类之所以会有鹰掳走婴儿的观念,可能是因为误解了这种鸟的生态作用。一名研究人员报告说,曾在非洲冕雕的

立于牛津圣吉尔斯
的"鹰和孩子"酒
馆。酒馆的名字取
才于鹰偷走熟睡孩
子的民间故事。成
员包括J. R. R. 托尔
金和C. S. 刘易斯
（C. S. Lewis）的牛
津读书会"吉光片
羽"（Inklings）经常
在此聚会。

巢穴中发现小孩的头骨，但是这块头骨很可能是鹰从已死的
小孩的尸体上叼来的。[21] 这一场景也可能是早期人类历史的
一种古老记忆（假如这种事情确实发生过的话）。我们有非
洲冕雕捕捉早期人类幼儿的证据："汤恩幼儿"[Taung Child,
南方古猿非洲种（Australopithecus africanus）]的化石据信就
是这么来的。[22] 还有人说，鹰绑架小孩的故事可能是那些
已经灭绝的鹰的文化记忆。特别是新西兰骇人听闻的哈斯特
鹰，可能是许多这类故事描绘的对象。哈斯特鹰能杀死不会
飞的庞然大物恐鸟，那么杀人肯定不在话下（虽然有些研究
人员对哈斯特鹰是否真的杀过人表示怀疑）。[23] 当然，一旦
鹰被捉住，人类有受到攻击的危险，因为它们从未被真正驯
服过，但是这个锅应该由驯养者来背。总之，鹰对人类没有

真正的威胁。

　　显然，我们对鹰来说比它们对我们更加危险，即使我们不想这样。牲畜吃的药物经常会误伤鹰。印度和巴基斯坦曾发生鹰等食腐动物大批死亡的事件，包括兀鹫，因为牛吃的药物会导致鸟类的肾衰竭。按照惯例，死牛会留给食腐动物处理。印度教徒不吃肉，而穆斯林则要求食用的肉必须经过专门屠宰，因此一般自然或者意外死亡的牲畜都是在露天的地方任其腐烂。直到前不久，这还是人类和猛禽之间一种很好的安排，但是现在死牛变成了毒牛。同理，那些中毒的死老鼠等有害动物扔进垃圾堆后，被鹰吃了，鹰也因此中了毒。射杀其他动物的子弹中含有的铅同样会误伤鹰。为了避免秃鹰抢劫猎人的战利品时把铅也吃下去，美国已经禁止使用铅弹射杀水禽，然而在其他地方，例如俄罗斯的东北部和亚洲，铅中毒依然威胁着虎头海雕等鹰科动物的安全。[24] 但是到目前为止，对鹰伤害最大的是滴滴涕（DDT）等杀虫剂和化学污染物。

　　从 20 世纪 40 年代末到 50 年代，美国的鹰观察者发现，鹰的数量在一年年急剧地下降。很少有雏鹰孵化出来：环境保护主义者爬到鹰巢上一看，发现里面根本就没有蛋，或者经常是只有一些蛋壳的碎片。环境保护主义者花了数年时间才弄清楚其中的原因，原来罪魁祸首是一种名为双对氯苯基三氯乙烷的农药，即俗称的滴滴涕。1939 年，这种杀虫剂在瑞士被研制出来，最初盟军将其用于控制蚊虫的数量，以防止军中疟疾传播。1945 年，滴滴涕被投入民用生产，而且人们发现，这种杀虫剂对棉铃象鼻虫（cotton boll weevils）和薯

滴滴涕导致蛋壳
变薄。

虫（potato beetles）同样有效。滴滴涕就这样进入了食物链。
它们不会在体内分解，而是沿着食物链转移，并且越来越集
中在下一个捕食者身上。鹰和其他猛禽位于食物链的顶端，
因此它们受到的危害也最深。滴滴涕对鹰的主要影响是蛋壳
变薄：鹰孵蛋时会把蛋压破。其中影响最大的是鱼鹰，因为
水生动植物的食物链很长，在被鹰吃之前，鱼体内的农药含
量已经非常高了。到了 20 世纪 60 年代，猛禽的数量已经告
急。波罗的海的白尾海雕数目急剧下降，北美秃鹰的情况也
是如此。

　　最终，在 1972 年，美国大范围禁止使用滴滴涕，虽然其
他国家并没有这么做，例如澳大利亚直到十多年后才禁止使
用滴滴涕。[25] 在鹰等长寿物种的体内，滴滴涕等有机氯化农
药的影响可能一直都在，因此我们可能尚未看到农药在全球
范围内最终的后果，但是自从减少使用农药以来，秃鹰和白

尾海雕的数量都出现了反弹（在其他许多保护措施的共同作用下）。

目前，全球范围内对鹰最大的威胁来自栖息地的丧失、污染和气候变化。多氯联苯和二噁英等工业污染物是对鹰危害最大的化学物质，除了农药。这些有毒物质对鹰的影响主要体现在出生缺陷上：20 世纪 90 年代初，北美五大湖区鸟类交喙的现象罕见地增加了。瑞典白尾海雕交喙和足部缺陷的现象同样有所增加，而多氯联苯对波罗的海的污染则被认为是这一切的根源。[26]

除此之外，还有无数的意外死亡：我们的现代生活方式可能无意中伤害了鹰。许多鹰在吃路上被轧死的动物时被车撞到，而像电线杆和风力涡轮机这类装置也可以置它们于死地。它们偶尔还会撞上飞机和直升机。[27] 由于没有着地，许多鸟儿可以安全地停在电线上。然而像金雕这些体型庞大的鸟，完全可能翅膀同时触到两根电线，并因此触电身亡。[28] 对于分布范围不广的西班牙雕来说，电线的危害尤其严重。[29] 全世界的环保主义者已经开始与电力公司合作，希望把对鹰种群的影响降到最低。有时设备结构的一点儿改动，或者一个定位更加灵敏的电源，都能大大提升鸟儿生存的概率。

综观全球，目前的林业政策、大面积的农业和城市开发正使鸟类，尤其是林地鸟类的栖息地日趋减少。由于森林砍伐，南美洲热带雨林的面积正以惊人的速度锐减。这一情形威胁到了体型庞大的角雕和孤冕雕（solitary eagles）的生存。那些居住在海岛上或者生活范围狭窄的鹰，尤其容易受到栖息地破坏的影响，一旦失去它们赖以生存的有限环境，它们将变得无家可归。这种困境最明显的一个例子是，世界上其他任何地方都找不到两种马达加斯加鹰的踪影。许多年来，人们以为马达加斯加小蛇雕已经灭绝了。虽然近年来又发现了几只，但是该岛的森林砍伐依然严重威胁着它们的生存，目前，刀耕火种依然是马达加斯加农民惯用的模式。马达加斯加的情况反映了环境问题中的一个常见现象：处于绝望中的人的需要和鹰的需要相对立。环境保护主义者试图在人和鹰之间取得平衡，因为大部分居民事实上非常珍惜他们的鹰邻居，愿意改变自己的生活习惯来保护它们。

马达加斯加塔那那利佛动物园（Antananarivo Zoo）中的马达加斯加海雕。

像岛屿这种有限的范围可能使鹰容易受到伤害，但是活动范围过大，需要跨越边界和不同环境的鹰同样容易受到伤害。候鸟迁徙时经过的一些地区并不友好（例如森林砍伐和耕地的增加剥夺了它们休息的场所和食物来源），简直可以说充满了危险（例如当候鸟进入允许狩猎的地区时）。需要签订跨国条约才能解决这些问题，而这类谈判通常具有很浓的政治意味。而且，国际环境保护条约在边境地区并没有得到很好的执行。

遍布全球的连锁机构正在实施鹰科动物的保护和保育计划。国际性的规划包括《濒危野生动植物国际贸易公约》（CITES），《公约》详细列举了监督动物及其身体部件的跨国流动，以及限制濒危动物贸易（合法和非法）的方法，其中包括几种鹰科动物。总部设在欧洲的国际自然保护联盟（IUCN）在全球各地有众多的分支机构，为几百项保护计划提供支持，种类涉及所有的动物，包括鹰。它公布的"红名单"（Red List）上列出了所有最濒危的动植物种类。目前有三种鹰科动物被列为"极度濒危"：马达加斯加鱼雕、弗洛雷斯鹰雕（Flores hawk-eagle）和菲律宾鹰。[美国的游隼基金会（Peregrine Fund）把巴韦安岛蛇雕（Bawean serpent eagle）也列为"极度濒危物种"。]

个别国家采取了大量的保护措施，有些甚至非常关注那些远离自己海岸的濒危动物，例如 1973 年颁布的《美国濒危物种法》（American-based Endangered Species Act）。那些由政府主持的项目——地区性的、全国性的和国际性的——有着公正、关注度更高和执行力度更大的优点。美国颁布的《秃鹰和金雕保护法》，不仅要求保护这些鸟类，还要求向公众宣传它们辉煌的象征意义。这两个目标《法案》都取得了巨大成功，2007 年，秃鹰被移出了濒危物种的名单。

在那些政府不肯或者无能为力的地方，非营利性机构便可以挺身而出，发挥应有的作用，例如国际鸟盟及其合作伙伴（英国）皇家鸟类保护协会和（美国）游隼基金会，这些机构确实监督着全球多个鸟类保护计划。我们的既得利益远远不止观察鹰的活动、使其保持种群的健康这么简单。鹰对其所处的所有生态位都有好处，包括它们与人类共享的生态位。它们减少了有害动物的数量，例如啮齿动物、蛇和一些不受欢迎的鱼类。和所有的大型猛禽一样，鹰也喜欢捕捉那些身体虚弱的动物，从而把它们从各自的家族中剔除出去。作为食腐动物，鹰吃光了可能传播疾病的动物尸体。在许多情况下，我们需要的不仅仅是阻止鹰的死亡，而且还应该鼓励更多的鹰出生。大多数鹰科动物都相当长寿，繁殖的速度却很缓慢，因此一些环保主义者为了增加概率而给它们创造了有利的繁殖条件。一些计划为鹰提供了安全的筑巢地点：有些地方沿电线筑起了一排平台，这样鹰有了更安全的选择，不必冒着触电的危险把巢筑在高压塔上。另外一种增加鹰数量的方法叫作"介入"（hacking），即把鹰卵或者刚出壳的雏鹰抱走，用半囚禁的方式把它们养大，等它们可以独立生活时再把它们放回野外。

"介入"法和圈养法可以减少"手足相残"这类事件的发生。把巢中的一颗卵拿走，将消除雏鹰自相残杀（这种事情频频发生）的风险，从而增加每一窝小鹰的成活率。同理，把后面孵出的那只体质较弱的幼鸟救出来，可以避免它在巢中被杀害，人们在西班牙雕和马达加斯加海雕的保护工作中已经使用了这种方法。环保主义者有时会把窝里所有的蛋都拿走，这样鹰父母就会再下一窝蛋——这种现象叫作"下第二窝蛋"（double-clutching）。领养制度也被用于一些经过精挑细选的鹰身上。一旦雏鹰长到一定的年纪，手足相残的可能性大大降低，这时可以给鹰巢增加新的雏鹰（或者是之前被救出来的雏鹰）。虽然这样做肯定会增加鹰父母的负担，但这些额外的工作有时还是值得的。

全球范围内的鹰保护工作取得了一些成果。欧洲的金雕数量正在稳步上升，虽然毒杀、射杀和鸟类栖息地遭破坏的

澳大利亚昆士兰州
布里斯班龙柏考拉
保护区（Lone Pine
Koala Sanctuary）
的楔尾雕在嚼一只
冻鼠。

情况在英国依然存在，即使已经颁布了保护鸟类的法律。苏格兰重新引进白尾海雕的计划已经开始，并取得了一些成果。金雕的欧洲近亲西班牙雕曾因捕猎、触电、故意下毒和农药中毒而大批死亡，现在它们的数量在缓慢爬升，从 20 世纪 60 年代的只有 30 对增加到现在的超过 200 对。[30] 曾经被认为已经灭绝的马达加斯加蛇雕现已被列为濒危物种（距离"极度濒危"只有一步之遥）。这种鹰科动物的数量估计有几百只到上千只——情况显然有所好转，但仍不足以保证这一物种能长期生存。它们的兄弟马达加斯加海雕似乎天生数量就不多，然而同样受到滥杀和森林砍伐的威胁。所有生活在森林里的大型鹰，尤其是角雕和菲律宾鹰，正面临着失去栖息地的严重问题，而人类近来对这些鸟类的兴趣可能同时具有正面和负面的效果。它们有时会成为狩猎运动的目标，或者被捉来当宠物。环保主义者正在努力拯救这些攻击力惊人的鸟类，但是这两种鸟都需要大面积的狩猎区域，因此保护它们的栖息地将是一项异常艰巨的任务。

澳大利亚各州曾经把楔尾雕列为"有害动物"，20 世纪 70 年代它们转变政策，颁布了保护楔尾雕的法律，并取得了喜人的效果。在这个农场栅栏曾经挂满鹰的尸体的地方，鹰已经成了民族自豪感的象征。虽然鹰的栖息地仍在不断失去，但是我们希望公众能越来越意识到，让鹰拥有栖息地是经济平衡发展的需要。澳大利亚大陆上的楔尾雕情况很不错，它们甚至表现出可以与人近距离地接触，但是塔斯马尼亚岛上的亚种的情况则不容乐观，像所有生活在海岛上的鹰科动物一样，有限的地理环境使它们更容易受到伤害。

鹰经常成为人类文明的象征和神话形象，这在某种程度上可能使它们比其他的濒危动物有优势。有趣的是，直到现代工业化开始，人类和鹰之间很少直接互动：这是因为除了农民的担忧之外，鹰很少和我们争抢食物（一些大型的热带鹰科动物会与人类争夺"兽肉"，但是在近几年森林栖息地遭到破坏以前，鹰和人类都有足够的兽肉吃）。鹰很难抓，而且它们的肉也不好吃，因此大部分的人类历史中，鹰都是独自生活，人类则在远处观察它们。我们确实是在观察它们：我们一边观察，一边把它们编进故事里，因为人类和鹰之间最大的互动也许发生在想象的王国里。鹰的传说遍布世界各地，鹰是图腾、象征和人类世界观中的形象，鹰正是以这一角色对人类的生活产生最直接的影响。

鹰总是令我们着迷，由于现在大多数人都知道它们不会对人类或人类活动构成真正的威胁，因此公众对它们的看法总体上是正面的，尤其是在西方。鹰作为一种象征有着悠久的历史，这也使它们成为最受欢迎的一种鸟，即使是那些对鸟类学不感兴趣的人。北美好几个地方都开展了以观鹰为主题的旅游业，前景一片看好，游客将被带到鹰筑巢的地方，观看一棵树上可能住着几十只鹰的壮观景象。现代的环境保护以积极的方式用现代科技把人和鹰联系在一起。例如，2011 年 5 月，观众急切地观看了一段网络视频直播，视频讲述了野生动物保护官员如何乘坐吊车接近鸟巢，将被钓丝缠住的雏鹰解救出来（钓丝显然是和鱼一起被雏鹰的父母带回鸟巢的）。虽然一些野生动物专家担心鸟巢的地点会变得尽人皆知，但是这次直播却起了作用，因为官员在沼泽地固定吊车时得到了排水公司的协助，排水公司是在听说这只雏鹰陷入困境后，表示同意协助救援的。[31] 澳大利亚鸟类学家彭妮·奥尔森（Penny Olsen）为我们和鹰的未来描绘了一幅虔诚的愿景，她称鹰为"大地和苍穹之鸟"："愿鹰永远无忧无虑地生活在我们身边，愿它们永远能适应被我们改变的地形，愿它们在这个人口不断增多的地球永远占有一席之地。"[32]

大 事 年 表

白垩纪：新鸟类出现。

美索不达米亚文明出现了鹰、双头鹰和带鹰翅膀的太阳圆盘图案，成为后世鹰标志的鼻祖。

澳大利亚原住民开始在岩石上刻画鹰。

美洲先民在今美国佐治亚州帕特南县建起鹰状的岩石堆。

澳大利亚的洞穴壁画上出现鹰的形象。

查理大帝统治期间，采用了罗马帝国的鹰徽作为自己的标志。

霍亨斯陶芬王朝的弗里德里希二世写了本《驯鹰术》，并把雄鹰作为自己的纹章。

40多个英格兰家族的家族采用了雄鹰标志。

德国国家社会党以抓着十字符号的党鹰作为政府的标志。

美国国会通过《秃鹰和金雕保护法》。

农药滴滴涕开始批量生产。

阿拉伯联合共和国采用萨拉丁之鹰作为国徽。

| 公元前4世纪 | 公元前3世纪 | 公元前1世纪初 | 公元1世纪中期 |

亚里士多德在《动物志》中把鹰分为6类。

埃利安写了《论动物本质》(*On the Nature of Animals*) 一书。

盖乌斯·马略把鹰旗定为罗马的军旗。

老普林尼写了《自然史》一书。

| 1308—1321年 | 约1382—1386年 | 1782年 | 20世纪初 |

但丁创作了《神曲》。

乔叟创作了《百鸟议会》和《声誉之宫》两部作品。

美国采用秃鹰作为自己的国徽。

澳大利亚和美国政府悬赏猎杀鹰。

| 20世纪70年代 | 1972年 | 1973年 | 2007年 |

澳大利亚通过了保护楔尾雕的法律。

美国禁止使用滴滴涕。

美国通过《濒危物种法》。

秃鹰被移出濒危物种的名单。

注 释

第一章 生物学和生态学中的鹰

[1] Leslie Brown, *Eagles* (New York and London, 1970), pp. 7–8.

[2] Colin Tudge, *The Bird: A Natural History of Who Birds Are, Where They Came From, and How They Live* (New York, 2008), pp. 45–53.

[3] Luis M. Chiappe, *Glorified Dinosaurs: The Origin and Early Evolution of Birds* (Sydney, 2007), pp. 118–145; Gary W. Kaiser, *The Inner Bird: Anatomy and Evolution* (Vancouver, 2007), p. 174.

[4] Casey A. Wood and F. Marjorie Fyfe, trans., *The Art of Falconry of Frederick II of Hohenstaufen* (Stanford, CA, 1943).

[5] Michael Walters, *A Concise History of Ornithology* (New Haven, CT, 2003), p. 14.

[6] Heather Lerner and David P. Mindell, 'Phylogeny of Eagles, Old World Vultures and other Accipitridae Based on Nuclear and Mitochondrial DNA', *Molecular Phylogenetics and Evolution*, XXXVII (2005), pp. 327–346.

[7] Penny Olsen, *Australian Birds of Prey* (Baltimore, MD, 1995), pp. 30–32.

[8] Lerner and Mindell, 'Phylogeny of Eagles', p. 343.

[9] Jeff Watson, *The Golden Eagle* (London, 1997), pp. 16–17.

[10] Penny Olsen, *Wedge-tailed Eagle* (Collingwood, Victoria, 2005), pp. 16 and 52.

[11] Sankar Chatterjee, *The Rise of Birds: 225 Million Years of Evolution* (Baltimore, MD, 1997), pp. 276–281.

[12] Scott Weidensaul, *Raptors: The Birds of Prey* (New York, 1996), p. 207.

[13] Watson, *Golden Eagle*, pp. 20–31.

[14] Josep del Hoyo, *Handbook of the Birds of the World*, II (Barcelona, 1994), p. 56.

[15] Bruce E. Beans, *Eagle's Plume: Preserving the Life and Habitat of America's Bald Eagle* (New

York, 1996), p. 51.

[16] Hoyo, *Handbook of the Birds of the World*, p. 56.

[17] Olsen, *Wedge-tailed Eagle*, p. 29.

[18] Ibid., p. 32.

[19] Leslie Brown, *Birds of Prey: Their Biology and Ecology* (London, 1976), p. 104.

[20] Olsen, *Australian Birds of Prey*, p. 20.

[21] John Pollard, *Birds in Greek Life and Myth* (London, 1977), p. 14.

[22] Arthur Cleveland Bent, *Life Histories of North American Birds of Prey* (New York, 1961), vol. I, p. 331.

[23] Beans, *Eagle's Plume*, p. 36.

[24] Olsen, *Australian Birds of Prey*, p. 25.

[25] Munir Z. Virani, 'African Fish-eagle', in *The Eagle Watchers: Observing and Conserving Raptors around the World*, ed. Ruth E. Tingay and Todd E. Katzner (Ithaca, NY, 2010), p. 155.

[26] Weidensaul, *Raptors*, pp. 71–72.

[27] Olsen, *Wedge-tailed Eagle*, p. 39.

[28] Brown. *Birds of Prey,* pp. 75–76.

[29] Brown, *Eagles*, p. 42.

[30] Olsen, *Australian Birds of Prey*, p. 100.

[31] David M. Bird, *The Bird Almanac: The Ultimate Guide to Essential Facts and Figures of the World's Birds* (Buffalo, NY, 1999), p. 282.

[32] Jason Wiersma, 'White-bellied Sea Eagle', *in Eagle Watchers,* ed. Tingay and Katzner, p. 174.

[33] Brown, *Eagles*, pp. 52–53.

[34] Malcom Nicoll, 'Grey-headed Fishing Eagle, Cambodia', in *Eagle Watchers*, ed. Tingay and Katzner, p. 126.

[35] Brown, *Birds of Prey*, pp. 112–113.

[36] Ibid., p. 121.

[37] Olsen, *Australian Birds of Prey*, p. 96.

[38] Bent, *North American Birds of Prey*, p. 343; Wiedensaul, Raptors, p. 169.

[39] Mark Hume,'Starving Eagles "Falling Out of the Sky" ', *Globe and Mail*, 23 February 2011.

[40] Brown, *Eagles*, p. 47.

[41] Weidensaul, *Raptors*, pp. 82–83.

[42] Brown, *Eagles*, p. 38.

[43] Olsen, *Wedge-tailed Eagle*, pp. 35–36.

[44] Björn Helander,'White-tailed Sea Eagle', in *Eagle Watchers*, ed. Tingay and Katzner, p. 198.

[45] Ruth Tingay,'Madagascar Fish Eagle, Madagascar', in *Eagle Watchers*, ed. Tingay and Katzner,

    p. 112.

[46] Brown, *Eagles*, pp. 66–68.

[47] Olsen, *Australian Birds of Prey*, p. 137.

[48] Beans, *Eagle's Plume*, p. 44.

[49] Weidensaul, *Raptors*, p. 128.

[50] Bridget Stutchbury, *The Private Lives of Birds: A Scientist Reveals the Intricacies of Avian

    Social Life* (New York, 2010), pp. 116–118.

[51] Brown, *Eagles*, p. 82.

[52] Robert E. Simmons,'Wahlberg's Eagle, South Africa', in *Eagle Watchers*, ed. Tingay and

    Katzner, p. 137.

[53] Beans, *Eagle's Plume*, p. 48.

[54] Weidensaul, *Raptors*, pp. 139–150.

[55] PostMedia News,'In Death, Bird a Symbol of Life', *Times and Transcript* (Moncton), 10

    November 2010.

[56] Brown, *Eagles*, pp. 32–33.

[57] Keisuke Saito, 'Steller' s Sea Eagle, Japan', in *Eagle Watchers*, ed. Tingay and Katzner, pp. 101–104.

[58] Helander,, 'White-tailed Sea Eagle', p. 199.

[59] SusanneShultz,' African Crowned Eagle, Ivory Coast', in *Eagle Watchers*, ed. Tingay and Katzner, p. 121.

[60] John A. Love, 'White-tailed Sea Eagle', in *Eagle Watchers*, ed. Tingay and Katzner, p. 205.

[61] Weidensaul, *Raptors*, pp. 95–97.

[62] Keith L. Bildstein, *Migrating Raptors of the World: Their Ecology and Conservation* (Ithaca, NY and London, 2006), p. 9.

[63] Ibid., p.169.

[64] Ibid., pp. 7–14.

[65] Ibid., pp. 61–66.

第二章　神圣的鹰：神话、宗教和民间故事

[1] Jeremy Mynott, *Birdscapes: Birds in Our Imagination and Experience* (Princeton, NJ, 2009), p. 267. 这是法国哲学家、人类学家列维—斯特劳斯的问题的另一种提法。

[2] Scott Weidensaul, *Raptors: The Birds of Prey* (New York, 1996), p. 292.

[3] Edward A. Armstrong, *The Folklore of Birds*(NewYork,1970), p.129.

[4] Rudolf Wittkower, 'Eagle and Serpent: A Study in the Migration of Symbols', *Journal of the Warburg Institute*, II (1939), p. 308.

[5] Cassandra Eason, *Fabulous Creatures, Mythical Monsters and Animal Power Symbols: A Handbook* (Westport, CT, 2008), p. 58.

[6] Hartley Burr Alexander, *The Mythology of All Races, XI: Latin- American* (New York, 1964), p. 122.

[7] A. F. Scholfield, trans., *Aelian: On the Characteristics of Animals*, III Cambridge, MA, 1958), p. 127.

[8] J.M.C. Toynbee, *Animals in Roman Life and Art* (Baltimore, MD, 1996), p. 241.

[9] Armstrong, *Folklore of Birds*, p. 133.

[10] Weidensaul, *Raptors*, p. 287.

[11] Lindsay Jones et al., *Encyclopedia of Religion*, IX (Detroit, MI, 2005), p. 2554.

[12] Homer, *Odyssey*, trans. Stanley Lombardo (Indianapolis, IN, 2000), p. 19.

[13] 有时候鹰会换成秃鹫：神话故事和民间传说经常把不同的猛禽混为一谈。格鲁吉亚神话中有一个类似的故事，里面有个叫阿米拉尼（Amirani）的人同样受到鹰的折磨。

[14] Virgil, *Aeneid*, trans. Stanley Lombardo (Indianapolis, IN, 2005), p. 109.

[15] Ovid, *Metamorphoses*, trans. A. D. Melville (Oxford, 1986), pp. 229–230.

[16] John Pollard, *Birds in Greek Life and Myth* (London, 1977), p. 141.

[17] Armstrong, *Folklore of Birds*, p. 133.

[18] Jones, *Encyclopaedia of Religion*, p. 2553.

[19] Pollard, *Birds in Greek Life*, p. 189.

[20] Jean Chevalier and Alain Gheerbrant, *A Dictionary of Symbols*, trans. John Buchanan-Brown (Oxford, 1994), p. 323.

[21] John Trevisa, trans., *On the Properties of Things: John Trevisa's Translation of Bartholomeus Anglicus De Proprietatibus Rerum*, I (Oxford, 1975), p. 603.

[22] John M. Steadman, 'Chaucer's Eagle: A Contemplative Symbol', *Publications of the Modern Language Association of America*, LXXV (1960), pp. 153–159.

[23] Stillman Drake, trans., *Discoveries and Opinions of Galileo* (New York, 1957), p. 239.

[24] 中世纪的宗教学者贝苏里（Berchorius）把圣约翰和鹰的形象联系在一起："敏锐而清晰的才智……使福音书作者约翰能谈论天上发生的事。" Steadman, 'Chaucer's Eagle', p. 157.

[25] Georges Dumézil, *Archaic Roman Religion* (Chicago, IL, 1966), vol. II, p. 598.

[26] Sarah Iles Johnston, *Ancient Greek Divination* (Chichester, 2008), p. 129.

[27] Scholfield, Aelian: *On the Characteristics of Animals*, vol. III, p. 79.

[28] Homer, *Odyssey*, trans. Lombardo, p.20.

[29] Scholfield, Aelian: *On the Characteristics of Animals*, I, p. 55.

[30] H. Rackham, trans., *Pliny: Natural History* (Cambridge, MA, 1947), vol. III, p. 301.

[31] Jacqueline Simpson and Steve Roud, *A Dictionary of English Folklore* (Oxford, 2000), p. 102.

[32] Scholfield, *Aelian: On the Characteristics of Animals*, I, p. 63.

[33] Uno Holmberg, *The Mythology of All Races*, IV: *Finno-Ugric, Siberian* (New York, 1964),
p. 505.

[34] A. Berriedale Keith and Albert J. Carnoy, *The Mythology of All Races*, VI: *Indian, Iranian* (New
York, 1964), p. 47.

[35] Chevalier and Gheerbrant, *Dictionary of Symbols*, p. 327.

[36] Sam D. Gill and Irene F. Sullivan, *Dictionary of Native American Mythology* (New York, 1994),
p. 37.

[37] Armstrong, *Folklore of Birds*, p. 126.

[38] Rackham, *Pliny: Natural History*, III, p. 303.

[39] Holmberg, *Mythology of All Races*, iv, p. 357.

[40] Armstrong, *Folklore of Birds*, p. 140.

[41] Drake Stutesman, *Snake* (London, 2005), pp. 33–93.

[42] Axel Olrik, *The Mythology of All Races*, II: *Teutonic* (New York, 1964), pp. 179 and 193.

[43] John A. MacCulloch and Jan Máchal, *The Mythology of All Races*, III: *Celtic, Slavic* (New York,
1964), p. 97.

[44] Nili Wazana, 'Anzu and Ziz: Great Mythical Birds and Ancient Near East, Biblical, and Rabbinic
Traditions', *Journal of the Ancient Near East Society*, XXXI (2009), pp. 111–135.

[45] Gwendolyn Leick, *A Dictionary of Ancient Near Eastern Mythology* (London, 1991), p. 112.

[46] Stephanie Dalley, trans., *Myths of Mesopotamia: Creation, the Flood, Gilgamesh and Others* (Oxford, 1989), pp. 204–227. Thorkild Jacobsen, *The Treasures of Darkness: A History of Mesopotamian Religion* (New Haven, CT, and London, 1976), p. 7.

[47] Jones et al., *Encyclopaedia of Religion*, IX, p. 2553.

[48] Jacobsen, *Treasures of Darkness*, p. 128.

[49] Richard Barber, trans., *Bestiary: Being an English Version of Bodleian Library MS Bodley 764* (Woodbridge, 1992), p. 119.

[50] Ibid.

[51] 所有的《圣经》引文均出自 *The Holy Bible: Revised Standard Version* (New York, 1952)。

[52] Wazana, 'Anzu and Ziz: Great Mythical Birds', pp. 129–134.

[53] Armstrong, *Folklore of Birds*, p. 129.

[54] John Barton and John Muddiman, eds, *The Oxford Bible Commentary* (Oxford, 2001), pp. 538, 1293.

[55] Ibid., pp. 775–787.

[56] 《以赛亚书》（40:31）。还可参考《圣经·诗篇》（23:5）。

[57] 《申命记》（32:11）。还可参考《出埃及记》（19:4）。

[58] 《利未记》（11:13）。还可参考《申命记》（14:12）。

[59] 《撒母耳记下》（1:23）。还可参考《约伯记》（9:26）和《哈巴谷书》（1:8）。

[60] Mary Ellen Miller, *The Art of Mesoamerica from Olmec to Aztec* (London, 2006), pp. 198 and 221.

[61] Elizabeth H. Boone, *Incarnations of the Aztec Supernatural: The Image of Huitzilopochtli in Mexico and Europe* (Philadelphia, PA, 1989), p. 10; Arthur J. O. Anderson and Charles Dibble, trans., *The Florentine Codex, Bernardino de Sahagún*, II (Santa Fe, NM, 1950), pp. 47–48.

[62] Boone, *Incarnations of the Aztec Supernatural*, pp. 1–2.

[63] Miller, *Art of Mesoamerica*, p. 233.

[64] Bill McLennan and Karen Duffek, *The Transforming Image: Painted Arts of Northwest Coast First Nations* (Vancouver, BC, 2000), p. 126.

[65] Johanna M. Blows, *Eagle and Crow: An Exploration of an Australian Aboriginal Myth* (New York, 1995), pp. 3–4.

[66] "The Story of Flinders Ranges", 由Mincham讲述，引自Blows, *Eagle and Crow*, p. 32。

[67] 'Eagle Takes Water to the Sky', 汪盖邦族的故事，见Blows, *Eagle and Crow*, p. 86。

[68] 'The Birth of Eagle', 由弗雷德·比格斯讲述，引自Blows, *Eagle and Crow*, p. 185。

[69] Paul S. C. Tacon, 'The World of Ancient Ancestors: Australian Aboriginal Caves and Other Realms within Rock', *Expedition*, XLVII(2005), pp. 37–47.

[70] Eason, *Fabulous Creatures*, p. 83.

[71] 埃利安认为人类和格里芬之间的关系是对立的，因为人类会盗取格里芬的财宝。Scholfield, Aelian: *On the Characteristics of Animals*, I, pp. 27–29.

[72] Jones et al., *Encyclopaedia of Religion*, IX, p. 2553.

第三章　爱国主义的标志：旗帜、纹章和徽章

[1] Biren Bonnerjea, *A Dictionary of Superstitions and Mythology* (London, 1927), p. 84.

[2] A. F. Scholfield, trans., *Aelian: On the Characteristics of Animals*, III(Cambridge, MA, 1958), pp. 39–41.

[3] Ibid., p. 41.

[4] Manfred Lurker, *Dictionary of Gods and Goddesses, Devils and Demons* (London, 1987), p. 107.

[5] H. Rackham, trans., *Pliny: Natural History*, III (Cambridge, MA, 1947), p. 303.

[6] Whitney Smith, *Flags through the Ages and Across the World* (New York, 1975), pp. 37–38.

[7] Arthur Charles Fox-Davies, *The Art of Heraldry: An Encyclopaedia of Armory* (New York, 1968), p. 170.

[8] Leslie Brown, *Birds of Prey: Their Biology and Ecology* (London,1976), p. 156.

[9] Thomas Woodcock and John Martin Robinson, *The Oxford Guide to Heraldry* (Oxford, 1990), p. 199.

[10] Bradford B. Broughton, *Dictionary of Medieval Knighthood and Chivalry* (New York, 1996), p. 176.

[11] Jennifer Westwood and Jacqueline Simpson, *The Lore of the Land* (London, 2005), pp. 400–401.

[12] Lurker, *Dictionary of Gods and Goddesses*, p. 304.

[13] 例如奥地利、俄罗斯、塞尔维亚和列支敦士登。

[14] Smith, *Flags through the Ages*, pp. 242 and 261.

[15] 包括英国、美国、加拿大、澳大利亚、新西兰、尼日利亚和印度的空军。

[16] Smith, *Flags through the Ages*, pp. 114–115.

[17] Eric Michaud, *The Cult of Art in Nazi Germany*, trans. Janet Lloyd (Stanford, CA, 2004), pp. 89–115.

[18] Robert Jan Van Pelt, 'Bearers of Culture, Harbingers of Destruction: The *Mythos* of Germans in the East', in *Art, Culture and Media under the Third Reich*, ed. Richard A. Etlin (Chicago, IL, 2002), p. 104.

[19] Mohawks of the Bay of Quinte, www.mbq-tmt.org, 获取日期为2013年12月9日。

[20] Bruce E. Beans, *Eagle's Plume: Preserving the Life and Habitat of America's Bald Eagle* (New York, 1996), p. 58.

[21] Ibid., pp. 58–68.

[22] Ibid., p. 62.

[23] John James Audubon, *Writings and Drawings* (New York, 1999), p. 247.

[24] Beans, *Eagle's Plume*, p. 68.

[25] Arthur Cleveland Bent, *Life Histories of North American Birds of Prey* (New York, 1961), pt 1, p. 321.

[26] Beans, *Eagle's Plume*, p. 6.

[27] Richard H. Zeitlin, *Old Abe the War Eagle* (Madison, WI, 1986).

[28] Beans, *Eagle's Plume*, p. 55.

[29] Nathaniel Hawthorne,'The Custom-House', *The Scarlet Letter and Other Writings* (New York,

2005), pp. 8–9.

[30] Vincent Nijman,'Javan Hawk-Eagle', *The Eagle Watchers: Observing and Conserving Raptors*

around the World, ed. Ruth E. Tingay and Todd E. Katzner (Ithaca, NY, 2010), pp. 146–152.

第四章 审美意义上的鹰：艺术、文学与流行文化

[1] 'The Blessed Gift of Joy is Bestowed Upon Man', 由 Saglaug讲述，见 Knut Rasmussen, *The*

Eagle's Gift: Alaskan Eskimo Tales, trans. Isobel Hutchinson (New York, 1932), pp. 9–16。

[2] Walt Whitman,'The Dalliance of the Eagles', *Leaves of Grass: Comprehensive Reader's Edition*

(New York, 1965), pp. 273–274.

[3] Alfred Tennyson,'The Eagle', *The Poems of Tennyson*, III (Berkeley, CA, 1987), p. 537.

[4] A. F. Scholfield, trans., *Aelian: On the Characteristics of Animals*, 3 vols (Cambridge, MA, 1958).

埃利安在书中多次提到鹰，具体的章节为: 1.35; 1.42; 2.26; 3.39; 5.48; 6.29; 6.46; 7.11; 7.16;

7.45; 9.2; 9.10; 12.21。

[5] Ibid., II, p. 223.

[6] Ibid., II, p. 231.

[7] Ibid., II, pp. 47–49.

[8] Ibid., II, p. 125.

[9] Olivia Temple and Robert Temple, trans., *Aesop: The Complete Fable*s (London, 1998), pp. 2–7,

18, 64 and 351.

[10] Ibid., p. 7.

[11] John Pollard, *Birds in Greek Life and Myth* (London, 1977), p. 123.

[12] Edmund Waller, 'To a Lady Singing a Song of His Composing', *Poetical Works of Edmund Waller* (London, 1854), p. 143.

[13] Richard Lattimore, trans., *The Iliad of Homer* (Chicago, IL, 1951), p. 483.

[14] Homer, *Odyssey*, trans. Stanley Lombardo (Indianapolis, IN, 2000), p. 20.

[15] Ibid., p. 307.

[16] Franz Kafka, 'Prometheus', *The Basic Kafka* (New York, 1979), p. 152.

[17] Charles W. Kennedy, trans., 'The Battle of Maldon', *An Anthology of Old English Poetry* (New York, 1960), p. 163.

[18] Seamus Heaney, trans., *Beowulf: A New Verse Translation* (New York, 2000), p. 203.

[19] Ezra Pound, trans., 'The Seafarer', *The Norton Anthology of Poetry*, ed. Margaret Ferguson et al. (New York, 2005), p. 13.

[20] Godfrid Storms, *Anglo-Saxon Magic* (The Hague, 1948), p. 155.

[21] Roberta Frank, 'Viking Atrocity and Skaldic Verse: The Rite of the Blood-eagle', *English Historical Review*, XCIX (1984), pp. 332–343.

[22] Dante, *The Divine Comedy*, II: *Purgatory*, trans. Dorothy L. Sayers (Harmondsworth, 1955), pp. 134–135.

[23] Dante, *The Divine Comedy*, III: *Paradise*, trans. Dorothy L. Sayers and Barbara Reynolds (Harmondsworth, 1962), pp. 214–240.

[24] Geoffrey Chaucer, 'The House of Fame', *The Riverside Chaucer*, ed. Larry D. Benson (Oxford, 1987), pp. 354–355.

[25] Edward A. Armstrong, *Folklore of Birds* (New York, 1970), pp. 135–139.

[26] Geoffrey Chaucer, 'The Parliament of Fowls', *The Riverside Chaucer*, ed. Larry D. Benson (Oxford, 1987), pp. 385–394.

[27] Larry D. Benson, introduction, ibid., p. 384.

[28] Edmund Spenser, *The Faerie Queene*, The Norton Anthology of English Literature, ed. M. H.

Abrams (New York, 2000), I, pp. 757–758.

[29] Percy Bysshe Shelley, *The Poetical Works of Percy Bysshe Shelley* (London, 1882), p. 112.

[30] William Blake, *The Complete Poetry and Prose of William Blake* (Berkeley, CA, 2008), p. 37.

[31] Morris Eaves, ed., *The Cambridge Companion to William Blake* (Cambridge, 2003), p. 48; Blake,

Complete Poetry and Prose, p. 40.

[32] Ibid., p. 37.

[33] Ibid., p. 3.

[34] T. S. Eliot, *The Rock* (New York, 1934), p. 7.

[35] Alfred Tennyson, 'The Eagle', *The Poems of Tennyson*, II (Berkeley, CA, 1987), p. 444.

[36] Martin Kemp, *The Human Animal in Western Art and Science* (Chicago, IL, 2007), p. 97.

[37] Ibid., p. 116.

[38] Hugo Munsterberg, *Dictionary of Chinese and Japanese Art* (New York, 1981), p. 15.

[39] Pacific Asia Museum, 'Nature of the Beast: Animals in Japanese Paintings and Prints', www.

pacificasiamuseum.org, accessed 2013-12-10.

[40] Ralph Croizier, *Art and Revolution in Modern China: The Lingnan (Cantonese) School of

Painting, 1909—1951* (Berkeley, CA, 1988), p. 89.

[41] Katherine M. Ball, *Animal Motifs in Asian Art: An Illustrated Guide to their Meanings and

Aesthetics* (New York, 2004), p. 215.

[42] Harold P. Stern, *Birds, Beasts, Blossoms and Bugs: The Nature of Japan* (New York, 1976),

p. 104.

[43] E. B. White, 'The Deserted Nation', *The New Yorker* (8 October 1966), p. 53.

[44] Laurence Ferlinghetti, 'I am Waiting', *A Coney Island of the Mind* (New York, 1958), p. 51.

[45] Elinor Wylie, *Collected Poems of Elinor Wylie* (New York, 1933), p. 4.

[46] Carl Sandburg,, 'Wilderness', *Complete Poems* (New York, 1950), p. 100.

[47] Joy Harjo, *In Mad Love and War* (Hanover, NH, 1990), p. 65.

[48] Robert Francis, 'Eagle Plain', *Collected Poems, 1936—1976* (Amherst, MA, 1976), p. 209.

[49] 有关《伊格尔罗克的岩石和鹰商店》的介绍，请参考网站www.hubbyco.com, 2013-12-10。

[50] 'An Eagle Myth about Flying Swallows and a Wolf Dance in a Clay Bank', 由Arnasungak讲述，见Rasmussen, *The Eagle's Gift*, pp. 32–33。

第五章　地球上的鹰

[1] Scott Weidensaul, *Raptors: Birds of Prey* (New York, 1996), p. 295.

[2] Jeff Watson, *The Golden Eagle* (London, 1997), p. 260.

[3] Ibid., p. 260.

[4] Bruce E. Beans, *Eagle's Plume: Preserving the Life and Habitat of America's Bald Eagle* (New York, 1996), p. 262.

[5] Leslie Brown, *Eagles* (New York and London, 1970), p. 90.

[6] Penny Olsen, *Wedge-tailed Eagle* (Collingwood, Melbourne, 2005), pp. 8–9.

[7] Stephen J. Bodio, *Eagle Dreams: Searching for Legends in Wild Mongolia* (Guilford, CT, 2003), p. 146.

[8] A. C. Bent, *Life Histories of North American Birds of Prey* (New York, 1961), pt 1, p. 331.

[9] Watson, *Golden Eagle*, p. 264.

[10] Bill Bryson, *At Home: A Short History of Private Life* (New York, 2010), p. 52.

[11] Penny Olsen, *Australian Birds of Prey: The Biology and Ecology of Raptors* (Baltimore, MD, 1995), p. 81.

[12] Beans, *Eagle's Plume*, p. 82.

[13] Ibid., pp. 77 , 81; Weidensaul, *Raptors*, pp. 221–223.

[14] Penny Olsen, 'Wedge-tailed Eagle, Australia', in *The Eagle Watchers: Observing and Conserving Raptors around the World*, ed. Ruth E. Tingay and Todd E. Katzner (Ithaca,

NY, 2010), p. 62.

[15] Olsen, *Wedge-tailed Eagle*, p. 85.

[16] Watson, *Golden Eagle*, pp. 70–71; Olsen, *Wedge-tailed Eagle*, p. 80.

[17] Watson, *Golden Eagle*, p. 72.

[18] Beans, *Eagle's Plume*, p. 215.

[19] Bent, *North American Birds of Prey*, p. 311.

[20] William Holmes McGuffey, *McGuffey's New Sixth Eclectic Reader* (Cincinnati, OH, 1857), pp. 277–283.

[21] Susanne Shultz, 'African Crowned Eagle, Ivory Coast', in *Eagle Watchers*, ed. Tingay and Katzner, p. 119.

[22] W. Scott McGraw, Catherine Cooke and Susanne Shultz, 'Primate Remains from African Crowned Eagle (*Stephanoaetus coronatus*) Nests in Ivory Coast's Tai Forest: Implications for Primate Predation and Early Hominid Taphonomy in South Africa', *American Journal of Physical Anthropology*, CXXXI (2006), pp. 151–165.

[23] R. Paul Scofield and Ken W. S. Ashwell, 'Rapid Somatic Expansion Causes the Brain to Lag Behind: The Case of the Brain and Behavior of New Zealand's Haast's Eagle (*Harpagornis moorei*)', *Journal of Vertebrate Paleontology*, XXIX (2009), p. 648.

[24] Keisuke Saito, 'Steller's Sea Eagle, Japan,' in *Eagle Watchers*, ed. Tingay and Katzner, pp. 101–104.

[25] Olsen, *Australian Birds of Prey*, p. 181.

[26] Beans, *Eagle's Plume*, p. 245.

[27] Olsen, *Wedge-tailed Eagle*, p. 88.

[28] Weidensaul, *Raptors*, p. 216.

[29] Miguel Ferrer, 'Spanish Imperial Eagle, Spain', in *Eagle Watchers*, ed. Tingay and Katzner, pp. 106–108.

[30] 'Spanish Imperial Eagle', BirdLife International, www.birdlife.org, accessed 2013-12-11。

[31] Kathryn Burnham,'Eaglet Freed in Dramatic Live-broadcast from Victoria, bc', *Calgary Herald*, 20 May 2011.

[32] Penny Olsen,'Wedge-tailed Eagle, Australia', in *Eagle Watchers, ed.* Tingay and Katzner, p. 64.

参考文献

Armstrong, Edward A., *The Folklore of Birds* (New York, 1970).

Beans, Bruce E., *Eagle's Plume: Preserving the Life and Habitat of America's Bald Eagle* (New York, 1996).

Bent, Arthur Cleveland, *Life Histories of North American Birds of Prey* (New York, 1961).

Blows, Johanna M., *Eagle and Crow: An Exploration of an Australian Aboriginal Myth* (New York, 1995).

Bodio, Stephen J., *Eagle Dreams: Searching for Legends in Wild Mongolia* (Guilford, CT, 2003).

Brown, Leslie, *Birds of Prey: Their Biology and Ecology* (London, 1976).

——, *Eagles* (New York and London, 1970).

Lerner, Heather, and David P. Mindell, 'Phylogeny of Eagles, Old World Vultures and Other Accipitridae Based on Nuclear and Mitochondrial DNA', *Molecular Phylogenetics and Evolution*, XXXVII (2005), pp. 327–346.

Mynott, Jeremy, Birdscapes: *Birds in our Imagination and Experience* (Princeton, NJ, 2009).

Olsen, Penny, *Wedge-tailed Eagle* (Collingwood, Melbourne, 2005).

——, *Australian Birds of Prey* (Baltimore, MD, 1995).

Pollard, John, *Birds in Greek Life and Myth* (London, 1977).

Tingay, Ruth E., and Todd E. Katzner, eds, *The Eagle Watchers: Observing and Conserving Raptors around the World* (Ithaca, NY, 2010).

Watson, Jeff, *The Golden Eagle* (London, 1997).

Weidensaul, Scott, *Raptors: The Birds of Prey* (New York, 1996).